微纳流动和电池的
多尺度模拟研究

于 影 著

上海交通大学出版社
SHANGHAI JIAO TONG UNIVERSITY PRESS

内容提要

本书基于连续－粒子耦合算法、分子动力学、耗散粒子动力学与有限元等宏观模拟方法，建立了适用于微纳流领域的多尺度模拟方法，同时基于参数传递方法建立了适用于电池多尺度模拟方法。不仅对微流控和电池多尺度现象的分子水平的认识具有学术价值，还为微流控系统和电池多尺度设计软件的开发奠定了坚实的基础。

本书针对仿真计算的相关从业人员，对微纳流和电池流体流动规律分子水平的认识以及微纳流控芯片的设计和新型电池的开发具有重要意义。

图书在版编目（CIP）数据

微纳流动和电池的多尺度模拟研究 / 于影著 . –– 上海：上海交通大学出版社，2019

ISBN 978–7–313–21373–0

Ⅰ.①微⋯ Ⅱ.①于⋯ Ⅲ.①纳米材料－应用－电池－研究 Ⅳ.① TM911

中国版本图书馆 CIP 数据核字 (2019) 第 110010 号

微纳流动和电池的多尺度模拟研究

著　　者：于　影			
出版发行：上海交通大学出版社	地　　址：上海市番禺路 951 号		
邮政编码：200030	电　　话：021-64071208		
印　　制：定州启航印刷有限公司	经　　销：全国新华书店		
开　　本：710mm×1000mm　　1/16	印　　张：11.5		
字　　数：162 千字			
版　　次：2019 年 11 月第 1 版	印　　次：2019 年 11 月第 1 次印刷		
书　　号：ISBN 978-7-313-21373-0			
定　　价：49.00 元			

本书得到了国家自然科学基金项目的资助，属于该项目多尺度模拟部分的研究内容之一。

微纳流控系统在国防、医学、生物工程等领域得到了广泛应用。但是，微纳流控系统中的复杂流动现象属于多尺度现象，传统的计算流体动力学并不适用于解决多尺度问题，因此，亟待发展多尺度计算机模拟方法研究微纳流道内的复杂流动现象。此外，针对现有动力电池充电时间长、能量密度低、存在安全隐患等问题，铝空气电池由于其能量密度高、价格低廉、无毒环保等优点成为研究热点。微纳流动中库特流和微流控电池的扩散流等领域的多尺度现象受到广泛关注。本书研究微纳流和电池的多尺度模拟方法，研究成果不仅对微流控和电池多尺度现象的分子水平的认识具有学术价值，还为微流控系统和电池多尺度设计软件的开发奠定了坚实的基础，对其他领域的多尺度模拟也具有参考价值。

本书的主要研究内容包括：

（1）基于连续－粒子耦合算法模拟微流道中的库特流动问题。采用连续－分子动力学算法分析讨论连续区→粒子区域内不同的网格疏密程度对流体粒子速度及密度的影响，并研究由振动引起的纳米通道壁附近的流体性质变化；采用连续－耗散粒子动力学方法模拟稳态流动问题，应用 Schwarz 交替方法对模拟区域进行空间解耦，并分析研究连续区→粒子区域网格大小及剪切率对流体流动特性的影响。

（2）采用粗粒化分子动力学方法研究柱状纳米通道中接枝聚合物电解质刷及其构象变化的特性，研究接枝于平板流道表面的中性瓶型聚合物构象变化的情况，提出聚合物刷修饰流道表面的纳流的多尺度模拟方法。在微观尺度采用分子动力学方法计算聚合物刷修饰流道内壁面的滑移长度，并将滑移长度代入宏观流动计算，分析不同剪切率和聚合物接枝数量对流体流动的影响。

（3）建立微流控燃料电池分层多尺度模拟模型，以钒离子扩散系数作为传递信息，在微观尺度计算钒离子的扩散系数，并将该结果代入介观尺度中，计算钒离子在多孔介质中的有效扩散系数；在宏观尺度中，将微观和介观尺度中的计算结果代入控制方程，通过流体动力学计算电池的宏观性能。与实验结果对比，其计算精度要高于单一尺度的宏观模拟结果。

（4）建立锂空气电池的多尺度模型，在微观尺度计算空气中氧气在多孔介质中的有效扩散系数，分别讨论温度和多孔介质孔径对有效扩散系数的影响。在宏观尺度中，将微观尺度计算而得到的有效扩散系数代入控制方程，进而计算锂空气电池的宏观性能。与文献的实验结果对比，预测的充放电曲线的趋势一致。

（5）提出一种电解质溶液导电率的多尺度模拟方法。在微观尺度采用全原子分子动力学模拟，计算KOH溶液内各组分粒子的径向分布函数，得到带电离子均方位移和扩散系数，代入宏观尺度 Nernst-Einstein 方程，求得 KOH 电解质溶液的电导率。在针对铝空气电池的研究中，采用多尺度方法研究碱性电解质溶液的电导率与溶液质量分数的关系，优化 KOH 溶液质量分数，使其电导率达到最佳值。分别采用纯铝、铝合金 Al7475 和 Al2024 作为电池的金属阳极，实验测试铝空气电池的放电性能。此外，本书还设计了一种可分离式铝空气电池方案，可以有效抑制铝空气电池在搁置时的自腐蚀放电，减少析氢反应。同时，以 Al7475 作为电池阳极为例，通过间歇式放电实验证实，可分离式铝空气电池可以有效保护电池的可用容量，提高金属阳极的使用效率。

本书对比研究了连续－粒子耦合算法、分子动力学、耗散粒子动力学与有限元等宏观模拟方法结合的多尺度模拟在微纳流领域的应用，还研究了电池多尺度模拟的参数传递方法。本书对微纳流和电池流体流动规律分子水平的认识以及微纳流控芯片的设计和新型电池的开发具有重要意义。

目 录

第 1 章 绪 论

1.1 选题背景及研究意义

本书得到了国家自然科学基金项目的资助，属于该项目多尺度模拟部分的研究内容之一。

随着电子设备的快速发展，高性能的储能设备是当今世界技术发展的大势所趋。电池最重要的性能指标是能量密度和功率密度，电池的成本、使用寿命、安全性及环境友好性都是评价电池性能的重要指标。现行主要的电池产品包括铅酸电池、锌锰电池、镍氢电池及镍镉电池，受制于较低的能量密度，这类电池很难满足大型设备的用电需求。

金属空气电池作为一种新型能量储备装置，使用空气中的氧气作为活性物质，理论能量密度高达 5 200 W·h/kg，并且具有安全性及环境友好的特性，其优异的性能使其发展潜力巨大。近几年，可解决电动车续航里程短这一技术难题的铝空气电池（Aluminum-air Battery）横空出世，具有划时代的意义 [1]。著名的日本住友电气工业株式会社（简称"住友电工"）也成功开发出一种新型的多孔铝材料，已经将电动车所用电池的容量增加了 3 倍 [2]。美铝加拿大公司和以色列 Phinergy 公司合作研究开发了一种具有超级续航能力的铝空气电池，铝空气电池电动车能连续行驶 19h，从多伦多开到 1 800 km 外的哈利法克斯，全程无须停车充电 [3]。在新闻报道的鼓舞下，我们课题组也尝试了铝空气电池的实验室研究 [4]，但遇到了工艺和配方等一系列实际困难。本书是在前期实验研究基础上，进一步从多尺度模拟的角度开展研究工作。我国已经明确将纯电驱动电动车作为车用动力的战略方向，由于锂离子电池等动力电池存在能量密度低、充电时间长、安全隐患大等一系列问题，目前的纯电动车仅能定用户、定用途、小范围推广，铝空气电池的研发对解决电动车的安全和持续行驶难题具有重要的现实意义。

电池系统本身的尺度极为复杂，以锂空气电池为例，空气中的氧气需要通过多孔空气电极渗透到电池内部被还原，锂离子需要通过电解质回到负极生成金属锂，实现大容量充放电。在这一过程中，空气中氧气的渗透、金属锂离子在电解质溶液中的运动属于微观领域，电池的放电特性属于宏观领域。因此，电池系统实际上是复杂的多尺度系统，特别是微观领域流体的运动规律、带电粒子的扩散运动与电解质溶液的电导率密切相关。对于电池的研究，需要从多尺度角度把握，其宏观研究成果较多，但微观领域研究较少，亟须从微观尺度深入了解电池系统中氧气的扩散、带电离子的扩散、微流体的运动规律等问题。

近 30 多年来，随着微纳流控系统和微纳机电系统的商业化应用，微纳流动中 Couette 流 [5] 以及微流控电池的扩散流 [6] 等研究日益得到重视。微纳流控系统中的复杂流动属于多尺度现象 [7]，传统的计算流体动力学不再适用，迫切需要发展多尺度计算机模拟方法。

微纳机电系统（Microelectromechanical Systems，MEMS）是指特征尺度小于 1 mm、大于 1 nm 并结合了电子和机械组件的装置 [8]。微纳机电系统不仅可完成宏观尺度机电系统所不能完成的任务，也可嵌入常规尺度系统中，把机械装备的智能化和可靠性提高到一个新的水平。MEMS 已在国防、医学、生物工程、化学分析和医疗健康等领域获得了重要应用。随着 MEMS 技术的发展，生化分析设备的微型化和集成化渐渐成为研究的热点，被称为"微全分析系统"（Micro Total Analysis Systems，μTAS）。微流控芯片系统（Microfluidic Chip Systems）包含在 μTAS 中，也称为"建在芯片上的实验室"，被认为是一种最具发展潜力的微型分析平台 [9,10]。在微流控芯片系统中，化学合成、反应和分析几乎都涉及微纳流体的流动，因此芯片的设计不得不考虑微纳流体的流动特征。在微流控芯片系统中，流体呈现出一些与宏观流动不同的现象，如固液界面出现明显的滑移现象 [11]，表面力的作用渐渐超过体积力，黏性耗散开始主导微流体中的质量传输（低 Reynolds 数流动）等，因此微纳尺度下的流动问题不能简单地用宏观尺度下的方法解决。微纳流控系统不仅可以使珍贵的生物试样与试剂消耗大大降低，还可以使分析速度大大提高，费用大大下降。微全分析系统以微管道网络为结构特征，可对微量流体进行采样、稀释、反应、分离、检测等复杂且精确的操作，因而有广泛的应用前景，如可用于稀有细胞的筛选、信息核糖核酸的提取和纯化、基因测序、单细胞分析、蛋白质结晶、药物检测等。微流体的流动是非常复杂的，而且其中的一些问题凭借当前的实验条件是无法解决的，即使可以用实验观测某些现象，也难免引入许多不必要的干扰因素，甚至一些物理上的相同现象由于来自不同实验者而得出了截然不同的结果，这使我们对实验的准确性产生了怀疑。解决这个问题的一个可行的途径是通过计算机模拟真实的物理过程。由于计算机模拟可以人为地选择任意精确的外界条件来控制模拟过程，这就使我们可以有针对性地模拟任何一个对实验起关键作用的参数，这是实验所无法做到的。同时，选择计算机模拟的另一个更为关键的原因是实验的成本问题，许多微流动实验的成本比较高，有些甚至很多实验室都无法承担，因此计算机模拟成为其唯一的选择。实验、理论和计算机模拟是当前进行科学研究的三种不同手段。在微流体现象的研究过程中，实验是非常重要的，因为一些新的现象和一些有实用价值的微流体芯片必须通过实验来发现和验证。但是，一个学科和领域的建立与完善需要其有坚实的理论基础，在微流体流动这一领域实验上的进展要比理论快得多。许多新的流动现象至今尚无合理的理论解释，这也造成了针对相同现象的不同理论解释。如何判断哪种解释更合理、更有普遍意义呢？就当前来说，最好的办法就是通过计算机模拟来验证。

微流控芯片和电池都是一个存在多物理场耦合的复杂系统，不仅涉及流体流动问题，还包含结构力学、电磁学、热传导、化学反应和生物等方面的问题。从理论上来分析这些耦合问题，就意味着需要求出一组微分方程的解析解。这显然是不实际的，因为对许多非线性的偏微分方程至今也没有得到解析解。对于某些问题，我们可能将相对应的非线性偏微分方程做线性化处理，如对在微流动中起重要作用的 NS（Navier-Stokes）方程，考虑到某些微流动的低 Reynolds 数特性，可以忽略其中的非线性项得到 Stokes 方程或将非线性项线性化得到 Oseen 方程，进而求出这些线性偏微分方程的解析解，但这也仅限于极少数几何结构简单的问题。对于那些已经求得解析解的问题，如何判断这种通过线性化处理得到的解析解是否可以正确地描述相应的微流动现象呢？最简单的方法就是通过数值方法求解 NS 方程，并用得到的数值解来验证。就像大多数工业化产业一样，如汽车、电子、航天航空等，在产品设计和开发的初期阶段，一般都要采用相应的软件进行产品正式生产前的设计和分析，以便预测和优化新产品的性能。

同样，在微流控芯片和电池的发展过程中，也会渐渐出现一些稳定而且标准化的设计和分析软件。这些软件的开发依赖多方面的因素，与微流体模拟相关的流体模型和数值算法的创建与改进是其中最为重要的组成部分。大多数宏观流体的流动状态可以用一组偏微分方程来描述，即 NS 方程。但 NS 方程是基于三个基本假设建立起来的：①满足牛顿力学；②满足连续性假设；③不能偏离热力学平衡太远。第一个假设条件规定了 NS 方程适用的范围，也就是说不能用 NS 方程描述量子力学和相对论力学框架下的流动状态。在 NS 方程中，质量和能量是各自守恒的，两者不存在互相转换，动量的变化率等于作用在对应流体微元上的合力。第二个假设条件要求空间是无限可分的，即对任意的流体微元而言，要求流体微元在微观上足够大，以至于其中含有大量的分子数，足以消除分子的热运动噪声，同时要求宏观上足够小，小到与宏观的特征尺度相比，可以把它看成一个流体质点。第三个假设条件也可以称为准平衡假设，该条件要求应力与应变率之间、热通量与温度梯度之间满足线性关系，这两个条件分别是针对牛顿流体和满足傅里叶定律的流体而言的。准平衡假设要求在一个与流动特征时间相比足够小的时间内，有足够多的分子发生碰撞，同时要求在这一足够小的时间内，分子移动与流动特征尺度相比足够小的距离。这三个假设如果有任何一个不满足，就要考虑采用其他流动模型。在微流控和电池模拟中，随着尺度的缩小，上面提到的假设条件可能会不再成立。在这种条件下可能会出现非平衡流动，导致 NS 方程不再能描述这种条件下的流动，同时流动不再是非滑移流动了。对于空气电池的气体而言，可以通过 Knudsen Number（ Kn ）判断 NS 方程的适用范围，Knudsen Number 表示平均自由程和流动特征长度之比。NS 方程仅在 $Kn > 0.1$ 的范围内有效，如果还要求满足非滑移边界条件， Kn 的范围将变成 $Kn > 0.001$ 。当 Kn 超过 0.1 以后，NS 方程不再有效，可以用更高阶的方程代替 NS 方程。最后，如果连续性假设也失效，就必须采用基于分子模型的方法了。对于稀薄气体，可以采用求解 Boltzmann 方程的数值方法，如直接模拟蒙特卡罗法（DSMC）进行求解；对于高密度气体，可以采用分子动力学方法解决问题。对于微流控系统的液体而言，也面临着与气体同样的问题，但是液体分子有非常高的碰撞率，以至于通过平均自由程和 Knudsen Number 判断 NS 方程的适用范围不再有效。也就是说，无法通过 Knudsen Number 判断 NS 方程和非滑移边界条件在什么情况下失效。在这种情况下，就需要采用更加精细的流体模型来判断 NS 方程是否有效，但是流体并没有像稀薄气体那样基于分子的运动学理论，因此分子动力学成为模拟流体的首要选择。

从上面的分析可以看出，在微流动和电池模拟过程中，无论气体还是液体采用宏观的流体模型都有可能失效。因此，在微流体和电池模拟中引入多尺度算法有其必要性。

在大多数微流动和电池模拟中，连续假设失效仅限制在有限的区域内，如流固界面和流流界面，因此，比较合理的模拟方法是在连续假设不成立的区域采用基于分子模型的模拟方法，在其他区域采用基于连续模型的模拟方法。可以看出，连续流动决定分子尺度流动的边界条件，同时，分子尺度流动又反过来通过修改连续流动的边界条件来影响连续流动。这样做既可以保证仿真的有效性，又可以在很大程度上节省时间。从大量研究微流体的文献可以看出，与微流体相关的模拟算法是非常多的，造成这种现象的一个不可忽视的原因是微流体流动的多尺度性。考虑到这种多尺度性，有人或许会问：在当前的计算条件下，是否存在一个适合所有尺度的模拟算法呢？显然是不存在的。也就是说，这些算法中没有一个是万能的，所以，解决微流动问题的一个比较好的方案就是在不同尺度上采用最适合该尺度的算法。例如，在电动微流体系统中，双电层的厚度一般在 10 nm 的量级，却对整个系统有着关键性的影响，而大部分微流系统的尺度远大于这个量级。为了模拟这样的系统，如果在整个区域采用相当于 10 nm 量级上的模拟算法，显然是不实际的，而且在双电层外面没有必要采用这样高精度的模拟算法。因而，在保证计算正确的前提下，对许多问题来说，如果对整个系统采用同样的模拟方法，而不考虑系统的多尺度性，必将造成计算时间上的浪费或者根本就不可能完成计算任务。聚合物刷可以显著地改变流道的表面性质，使实验研究或理论研究聚合物接枝的纳米通道内的流动非常困难，因此分子模拟方法成了唯一的研究手段。

　　本书将研究微纳流和电池模拟的多尺度方法，对微纳流和电池流体流动规律的分子水平的认识可指导微纳流控芯片的设计和新型电池的开发。多尺度模拟方法的研究成果也具有普适性，具有重要的理论意义和学术价值。

1.2　国内外研究现状

1.2.1　多尺度模拟方法的研究现状

　　多尺度模拟方法最先应用在固体上 [12,13]，不但应用范围较广，而且理论比较完善，出现了许多有价值的多尺度算法，如 FEAt 方法、QC（Quasicontinuum）方法 [14]、MAAD（Macro Atomistic Ab Initio Dynamics）方法 [15] 等。主要原因是固体中原子被限制在晶格点附近的位置上，这种特性使原子与连续区域的信息交换相对容易。相反，在流体多尺度模拟中的任何一个原子在一定的时间内可以运动到流体区域的任何位置，不能再利用原子与位置间的相关性了，在将宏观量施加在原子区域的边界上时，就不能明确地定义和重构原子间的相互作用状态，因此流体的多尺度算法研究要比固体困难。对于流体来讲，最初的耦合算法主要集中在稀薄气体领域，主要原因是在稀薄气体的耦合模拟中边界条件的施加要比高密度流体（高密度气体和液体）容易得多。

在流体多尺度模拟过程中，最重要的两个问题是耦合算法的选择和分子区域上边界条件的施加。不同流体的流动状态都有其各自不同的物理特性，在建立多尺度模拟耦合算法时充分考虑这些物理特性是必要的，这样可以使算法更加高效和合理。稀薄气体和高密度流体在耦合算法的构造上存在一定的差异。在稀薄气体的模拟中，分子区域的模拟普遍采用 DSMC 方法模拟，由于在 DSMC 模拟中不必考虑分子间是否会重叠，这为分子区域边界条件的施加提供了很大的方便。在稀薄气体的模拟中，分子动力学要求原子之间不能重叠，否则会造成不可预期的后果，所以在施加分子区域的边界条件时，必须考虑粒子的插入位置和插入位置对系统能量的影响。耦合算法中另一个值得注意的地方是分子和连续区域共同边界的选择，耦合算法的目的是在保证得到合理解的前提下，尽可能减少计算时间。一般来讲，我们总是希望分子仿真区域尽可能小，因此寻找一个判断准则来预测连续方法最先失效的边界位置就成了我们所关心的问题。稀薄气体的模拟已经有比较好的方法来判断这样的边界位置，但是对高密度流体并没有什么有效的方法。当前针对高密度流体的耦合算法研究大多集中在对耦合算法本身的研究，应用也主要集中在一些简单的几何结构上。与此不同的是，稀薄气体的耦合算法却得到了比较广泛的应用。高密度流体耦合算法无论从构造还是实现上都要比稀薄气体模拟复杂。

多尺度模拟方法可以归结为一类算法：连续－原子耦合算法[16]。一般来讲，在原子区域可采用任何一种或几种粒子模型来描述，通常是分子动力学方法（Molecular Dynamics，MD）[17]或耗散粒子动力学（Dissipative Particle Dynamics，DPD）[18]，连续区域则采用宏观连续方程来描述。这类算法可以用图 1.1 表示。

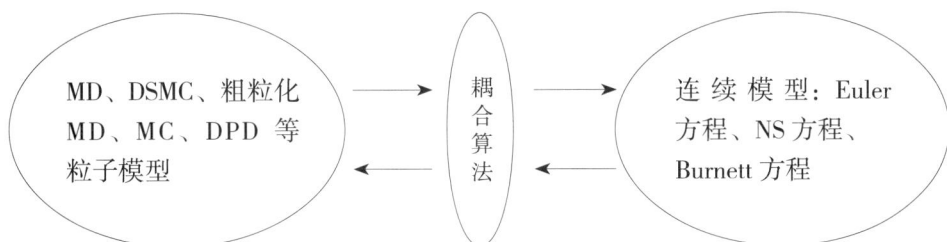

图 1.1 连续 – 原子耦合算法示意

注：箭头方向代表数据交换的方向。

连续 – 原子耦合算法中，为了在连续和原子区域的边界进行信息交换，通常的做法是在两个区域的共同边界上设置重叠区域。重叠区域可以根据耦合算法的不同划分为不同功能的若干层[19]。如图 1.2 所示，重叠区域一般包含三层，即 P → C 层、缓冲层和 C → P 层。P → C 层为粒子区域（P）向连续区域（C）传递信息的边界层；缓冲层夹在 P → C 层和 C → P 层之间；C → P 层为连续区域向粒子区域传递信息的边界层。在这三层中，C → P 层是整个算法实现的核心。

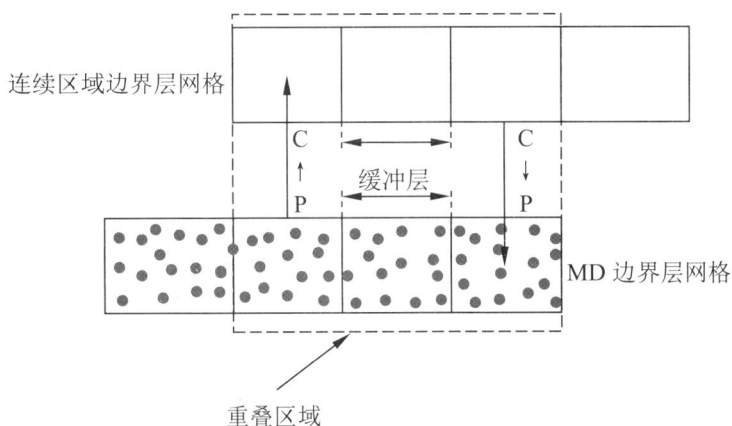

图 1.2 重叠区域的主要组成部分

除了上面提到的连续 – 原子耦合算法外，还有一类常用的耦合算法，即

粒子 – 粒子耦合算法[20]，这种算法在两个不同的区域都采用粒子模拟算法，常用来模拟介观尺度下的流体流动。通常情况下，在需要精细模拟的区域一般采用 MD，在其他区域则采用粗粒化的流体模型，如 MC（Monte Carlo）、粗粒化的 MD 和 DPD 等。与单独采用 MD 模拟相比，这个耦合算法可以在很大程度上减少计算量，而且得到的结果与 MD 相吻合。该方法在 MD 与MC 的结合位置依然采用重叠区域传递信息（如图 1.3 所示），被填充的圆圈表示 MD 粒子，空心圆圈表示 MC 粒子，中间的阴影区域表示 MD 与 MC区域的耦合界面。从 MD 到 MC 的信息传递很直接，可以将来自 MD 区域的粒子直接精确地插入 MC 区域，而相反的过程比较难处理，如果直接将 MC区域的粒子导入 MD 区域将会导致能量上的不守恒，所以该耦合算法采用了将 MC 区域的宏观属性传递给 MD 边界的处理方法，从而避免了上述情况的发生。

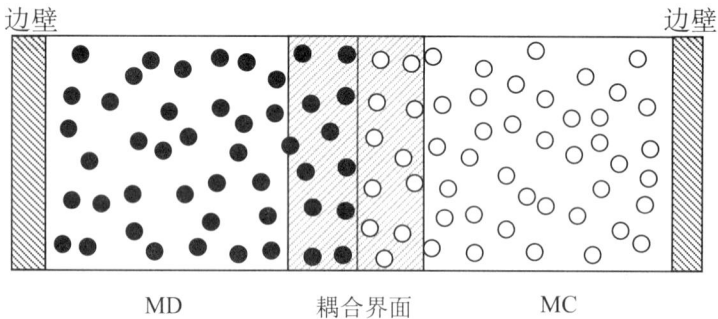

图 1.3　MD 和 MC 耦合算法示意

　　与上面的 MD 与 MC 的耦合模型不同，在耦合部分也可以不采用重叠区域而采用过渡区域来实现。在过渡区域中的分子可以动态地改变分子中的原子层次和介观层次所占的比重，可以将这种分子看成由原子组成的分子和对应的粗粒化分子线性组合的结果。两种不同粒子模型在线性组合中的比重与所在耦合区域中的位置相关。越靠近 MD 的边界，原子模型所占的比重就越大；反之，则粗粒化模型所占的比重就越大。在图 1.4 中用颜色的深浅来描述这种变化，图中的模拟对象是具有四面体结构的分子，在中间的耦合区域，颜色越深的球表示粗粒化程度越高。该模型允许自由度数在仿真过程中变化，而保持与基本的全原子模型相同的统计属性。

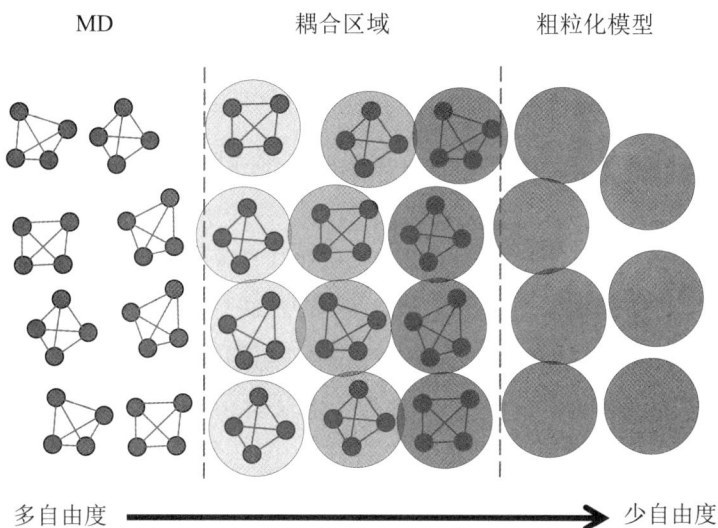

图 1.4　耦合模型示意

最近，新出现了混合多尺度算法或三尺度算法，该算法由两个或多个尺度算法组成：基于粒子的连续－原子耦合算法。这解决了分子液体在连续－粒子仿真中的大分子插入问题，同时将多尺度算法扩展到用于模拟巨正则系统中的开放系统。它可以模拟从微观到宏观尺度的系统，为研究开放分子系统中的平衡和非平衡过程提供了新的途径。这些分子系统包含大分子液体或稀释溶液中的复杂流体。

1.2.2　微纳流动多尺度模拟的研究现状

建立微纳流多尺度模拟主要基于以下考虑：随着模拟区域尺度的减小，建立 NS 方程的基本假设不再成立；不仅对微纳尺度流如此，即使在宏观流动中一些局部条件下连续方法程也可能失效，如移动接触线问题。在这种情况下，大多采用更加精细的模拟方法来解决问题。但是更加精细的模拟方法所需计算量非常大，所能模拟的区域也非常小，根本就无法实现整个区域模拟。例如，对于具有固定 O—H 键和 H—O—H 键角的纯水，采用分子动力学方法进行模拟，若时间步长设为 2 fs，则模拟 1 μs 需要 $5×10^8$ 次时间步，这大约需要用一年的时间来模拟[21]。在大多数微纳流中，连续假设的失效仅限制在有限的小区域内，如流固界面和流流界面等。因此，在连续假设不成立的区域采用基于分子模拟方法，在其他区域采用基于连续模型的模拟方法比较合理。

高密度流体的耦合算法最早由 O'Connell 和 Thomopson 提出，在该算法中 C → P 层采用约束动力学的方法将连续区域的信息施加在原子区域的边界上。Nie 等人[22] 在他们的耦合算法中同样采用约束动力学的方法，通过求拉格朗日量的极值导出了受约束形式的运动方程，该方程的形式与 O'Connell 和 Thomopson 所采用的形式类似，但是采用后者的方程可以避免模拟中出现时间延迟，同时将该算法扩展到耦合界面具有质量通量的流动问题。Nie 等人通过该算法研究了表面具有纳米结构的 Couette 流动、奇异拐角流动[23] 及空腔流动[24] 等问题。最近，Liu 等人[25] 将该算法扩展到含有热传导的流动过程，并利用该算法研究了微纳流动过程中的传热问题。Yen 等人[26] 利用该方法模拟了固液界面间存在滑移的纳米和介观尺度管道中的流动问题，为了提高低速流动过程中的收敛性，采用了取时间平均值的方法来处理约束方程中的平均力项。

Hadjiconstantinou 和 Patera[27] 引入一种称为 Maxwell Demon 的方法来模拟不可压缩流，与约束动力学方法不同的是，在该方法中 C → P 层内粒子的速度是通过 Maxwell 分布得到的。该方法采用粒子池实现原子连续边界的质量通量。为了保证整个过程中的质量守恒，在粒子区的三个方向上都采用了周期性边界条件，但同时引入了新的误差源。通过 Schwarz 交替方法，实现了空间和时间上的解耦，在保证得到合理解的前提下，很大程度上缩短了计算时间。通过该方法，他们研究了带有障碍物的稳态流动和移动接触线问题。Werder 等人 [28] 采用 Schwarz 交替方法和非周期速度边界，模拟了穿过碳纳米管的不可压缩流动问题，得到了与完全采用分子动力学方法相一致的结果。Flekkoy 等人 [29] 针对原子和连续界面上存在质量和动量通量的等温不可压缩流动问题，发展了一种基于直接通量交换的连续 – 粒子耦合算法，并用该方法模拟了 Couette 和 Poiseuile 流动问题。之后，Delgado Buscalioni 和 Coveney[30] 发展了 Flekkoy 等的算法，将该算法扩展到可以模拟非稳态和边界上存在能量通量的问题，同时该算法应用了一种新的粒子插入算法（USHER）[31]，保证将粒子插到合适的能量位置。他们还利用该算法研究了一条被限制在固体表面上的聚合物链在剪切流中的构象变化[32]，得到了与采用完全分子动力学仿真一致的结果。而后，Flekkoy 等人 [33] 又引入了一种更一般化的通量边界条件，可以在开放系统中施加任意的能量和动量边界条件，如果将该算法应用于可逆过程，可以确保满足热力学第二定律，同时使熵的产生最小化。

连续 – 粒子耦合多尺度模拟方法虽然有了很大进展，但是依然存在很多问题有待解决。例如该多尺度模拟方法的应用大多限于简单的几何结构，将这些算法应用于复杂结构模拟时，存在如下问题：如何选择粒子区域与连续区域的共同边界位置，如何在保证计算精度的前提下将粒子区域限定在最小的范围以及如何降低算法涉及的复杂性等。在当前的连续 – 粒子耦合模拟中，关于 C → P 层网格大小的选取并没有人进行过专门的讨论，该层内网格的大小均根据经验选取，一般情况下网格选取偏大。当 C → P 层采用约束动力学进行耦合模拟时，在相邻两次连续区域求解之间，C → P 层内的宏观连续速度保持不变，并将网格内粒子的平均速度约束到该网格中的宏观连续速度。如果 C → P 层网格选取过大，将不能正确地表述 C → P 层中粒子速度的变化，而过小将导致粒子区域中的速度解不能收敛到正确的值。

在现有的文献中，采用非平衡分子动力学（Non-Equilibrium Molecular Dynamics，NEMD）方法的研究主要针对稳态层流方面，关于微流体中的振动研究较少。Hansen 和 Ottesen[34] 采用 NEMD 研究了由压力周期变化引起的流动性质的改变。Khare 等人 [35] 采用 NEMD 模拟了边壁引起的振动问题，分别研究了简单流体、长分子链流体和胶体的振动响应问题。早期的一些研究工作主要来自参考文献 [36 ~ 39]。采用 NEMD 研究振动剪切流主要有两种方法：一是均匀性剪切法（Homogeneous Shear Methods），三个模拟方向均采用周期性边界条件，根据计算需要修改粒子的运动方程，无法模拟带有边壁的情况；二是边界驱动剪切方法（Boundary Driven Shear Methods），该方法中流体的振动剪切运动主要通过边壁的运动诱发，因此可以模拟带有边壁的情况，特别是受限分子薄膜或微纳流道中的微流体流动。边界驱动剪切方法中关于边壁的实现有不同的方法，参考文献 [40 ~ 44] 对此有全面介绍。分子动力学方法适用的空间尺度为几十纳米，而实际的微纳通道多为纳米级别。可见，在单一尺度上采用分子动力学方法并不可取，若采用宏观连续方法却难以精确描述纳米通道壁面附近的流动情况。因此，研究振动或剪切对纳米通道管壁附近流体运动的影响情况，需采用多尺度耦合算法，即在纳米通道管壁附近的区域采用微观尺度分子动力学方法模拟，而对于距离纳米通道管壁较远的区域可采用约束动力学方法描述。采用连续 – 分子动力学耦合算法处理耦合边界，取管壁附近流体区域作为研究对象，这样既可以节省计算时间，又可以得到感兴趣的边界数据信息。

1.2.3 聚合物刷纳米通道的研究现状

聚合物刷纳米通道流是一种最近才出现的新型流动。带电聚合物刷，又称聚电解质刷，是在水溶液中或熔融状态下能够导电的化合物。带电聚合物刷组成链接单元中含有可解离性离子基团，是目前科学界研究极为广泛的一种物质，具有质量轻、弹性好等优点，是近年来电化学领域研究和开发的热点，可以作为表面涂层材料修饰流道以控制流动 [45,46]。在流道表面以一定的密度接枝聚合物，可以形成聚合物刷层 [47 ~ 50]。将聚合物电解质接枝到流道表面，受到外界刺激（压力 [51]、温度 [52]、pH[53]、电场 [54] 等），聚合物电解质的构象会相应改变 [55]。另外，由于其本身的带电属性，长程静电作用使其构象变化更为显著。聚电解质构象的变化使流道的表面性质发生改变，可以起到润滑 [56,57]、吸附 [58,59] 或智能阀控 [60] 等作用。目前针对聚合物电解质的理论和聚合物刷纳米通道流的模拟方法很多，常见的方法有自洽场理论 [61~63]、标度理论 [64,65]、分子动力学模拟 [66~68]、蒙特卡罗模拟 [69,70] 等方法。Adiga 和 Brenner 等人 [71] 采用分子动力学模拟方法，模拟了纳米孔表面接枝聚合电解质的智能阀调控流体的流动特性。他们通过研究发现，改变溶剂特性（良溶剂或不良溶剂），可以改变流道本身的渗透性。Dimitrov 等人 [72] 将柔性的聚合物电解质接枝在柱状纳米孔内表面，通过数值模拟方法观察到改变聚合物电解质的刚度，可以调节流体的流动速度及流量。Cheng 等人 [73] 采用温敏的三嵌段聚合物电解质修饰纳米流道表面，改变系统温度，温敏聚合物将做出响应，其构象随之改变，是一种简单有效的温敏智能流道。现有的通过接枝聚合物电解质改变流道表面性质的研究主要针对平板或柱状流道，相比而言，平板流道的研究更为方便、直接，柱状流道的研究更接近现实。

除了聚合物电解质刷，另外一种受外界刺激响应构象变化极为明显的高分子聚合物是中性瓶型聚合物。这种瓶型聚合物是一种极为特殊的聚合物，由一条主链上带有若干条侧链构成，具有类似"梳子"的结构。瓶型聚合物的特殊结构使分子内和分子间的缠结、卷曲减少，聚合物在溶液中排列成瓶状，这必然增大聚合物分子链的刚度和分子结构的规整性，使聚合物分子水力半径增大，分子链卷曲困难，这一特性使瓶型聚合物的应用极为广泛 [74,75]，受到科学界的极大关注 [76,77]。瓶型聚合物对于外界环境的刺激极为敏感，比如温度 [78]、剪切力 [79]、溶剂特性 [80] 等。

目前，很多专家学者采用计算机仿真研究瓶型聚合物，Hellmann 等人 [81] 采用蒙特卡罗方法研究带有柔性侧链的瓶型聚合物刷构象的变化，研究发现，改变侧链的刚度系数，聚合物主链的刚度将随之改变。在 Zuo CC 等人早期的研究中 [82]，曾采用分子动力学模拟方法研究简单瓶型聚合物刷的相行为。研究表明，随着 Bjerrum 长度的增加，在不良溶剂中，中性的侧链会产生团簇，从而改变主链的刚度。由此可见，将瓶型聚合物刷接枝于流道表面，通过外界环境刺激改变瓶型聚合物刷构象，也是一种调控流体的重要方式。

1.2.4 电池多尺度模拟的国内外研究现状

数值模拟技术是目前电池设计和研究的重要手段，在基本假设的基础上构建微分方程或定解条件的数学模型对电池系统进行抽象解析，可以在计算中发现电池系统的新现象，同时可以解决多次重复且复杂的电池实验。目前，单一尺度的数值模拟难以满足电池研究的需要，电池研究正呈现出多尺度结合的发展模式。随着多尺度模拟的科学性和精确性得到了学术界的接受和认可，电池的多尺度模拟也获得了学术界的共识[83]。2013年，三位从事多尺度数值模拟的科学家获得了诺贝尔化学奖，充分证明了多尺度模拟技术在科学研究领域的重要性。诺贝尔评选委员会在当天发表的声明中说："科学家可以用计算机揭示复杂的科学过程，通过计算机多尺度模拟，可以获得比传统实验更快速、更准确的预测结果[84]。"多尺度模拟能够分别在不同尺度范围内应用合理的模拟算法，并将不同尺度的模拟分析有效联系在一起[85]。电池系统的组成较为复杂，材料属性具有多样性特征，电极材料如多孔电极、金属电极均可从微观、宏观多层面进行分析，仅从单一尺度模拟存在难以同时兼顾的局限性。另外，不同尺度间相关性能和影响因素是相互耦合的，而单一尺度的研究方法难以做到单因素变量的完全控制。若采用实验手段，从传统的基本评测角度而言，每一个步骤均需大量的实验和重复性操作，电池性能测试周期较长，耗费人力、物力。因此，找到一种行之有效的多尺度模拟对于电池的研究将极为重要。

目前，燃料电池的多尺度研究吸引了广大科研工作者的关注[86～88]。Kim等人采用多尺度模拟研究分析了电池的放电过程[89]，陈代芬针对固体氧化物燃料电池建立了多尺度多物理场耦合的数值模型，并针对设计方案进行了工程优化设计[90]。微流控燃料电池主要凭借低雷诺数流动的层流性质保证燃料和氧化剂充分分离，无须质子交换膜来隔离[91]，两股层流在微流道中会形成稳定的界面[92,93]。微流控燃料电池克服了传统燃料电池微型化过程中出现的诸如质子交换膜强度变弱、电极加工困难等问题，具有结构简单紧凑、维护方便等优点[94]，在无线传感器研究、移动便携装置、航天器、笔记本电脑、移动电话等领域有重要应用价值[95]。微流控电池常见的燃料有甲醇[96~98]、氢气[99,100]、钒离子[101~103]、甲酸[104]等，常见的氧化剂有氧气、高价态钒离子、过氧化氢等。其中，应用最为广泛的是全钒微流控燃料电池，在 Kjeang 等人的研究中[101,102,105,106]，采用多孔碳电极，V^{2+}/V^{3+}、VO^{2+}/VO_2^+ 作为反应物，达到了极高的功率密度和燃料利用率。我们将在燃料电池多尺度模拟基础上，建立微流控燃料电池分层多尺度模型，进行多尺度模拟研究并与文献的实验做对比，以验证多尺度模型的正确性。

近年来，金属空气电池的相关研究开始逐渐升温，其中空气电极只作为能量转换的工具，氧化剂是空气中取之不尽的氧气，并不储存在电池内部。这使金属空气电池具有巨大的比能量，通常金属空气电池的比能量在 1 000 W·h/kg 以上[107~109]。常用的金属空气电池如锂、锌、铝、镁空气电池等，其中比能量的理论值最高的为锂空气电池，可达到 11 140 W·h/kg[110]，在民用或军用的高能量密度领域中具有广阔的应用前景[111]，具有成本低、环境友好、可充电等优点。因此，我们也将探索金属空气电池多尺度模拟。

总之，电池的多尺度模拟比较复杂，发表的文献不像微纳流那样多，目前也没有统一的标准方法。常用的电池多尺度模拟方法主要是分层多尺度模拟，这一模拟方法把相关参数作为传递信息将时间和空间跨度不同的微观、介观和宏观尺度联系起来。对于分层多尺度模拟方法而言，最大的困难是如何找到传递信息、建立不同尺度间的联系。

1.2.5 铝空气电池的研究现状

随着电子设备的快速发展，微电子器件、手机、手提电脑甚至电动汽车等，均依赖储能设备提供电力，因此电池的设计和研究已成为当前最活跃的研究领域之一。判断储能电池性能的主要参数是能量密度和容量密度，而目前电池的容量密度恰恰是限制电子设备发展的重要因素。金属空气燃料电池具有极高的容量密度和能量密度，在众多种类电池（镍镉电池、铅酸电池、锌锰电池、镍氢电池等）中，金属空气燃料电池凭借其较高的能量密度及容量密度成为现代电子器件的理想电池。金属空气燃料电池常用的金属阳极有金属锂、铝、镁、钙、铁、锌等[112]。金属锂是目前应用最为广泛的金属阳极，但是存在爆炸的危险[113]。金属铝的容量密度（2.98 A·h/g）和能量密度（8.195 W·h/g）仅次于金属锂，且储量高、价格低廉，是金属空气电池理想的阳极材料，具有低毒、环保、安全、稳定等特点[114,115]。

铝空气电池系统由金属阳极、碱性电解质及空气阴极构成，其工作原理如图 1.5 所示，电池化学反应方程式如下：

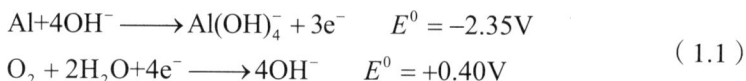

$$Al+4OH^- \longrightarrow Al(OH)_4^- + 3e^- \qquad E^0 = -2.35V$$
$$O_2 + 2H_2O + 4e^- \longrightarrow 4OH^- \qquad E^0 = +0.40V \qquad （1.1）$$

总反应为

$$4Al + 3O_2 + 6H_2O + 4OH^- \longrightarrow 4Al(OH)_4^- \qquad E^0 = 2.75V \qquad （1.2）$$

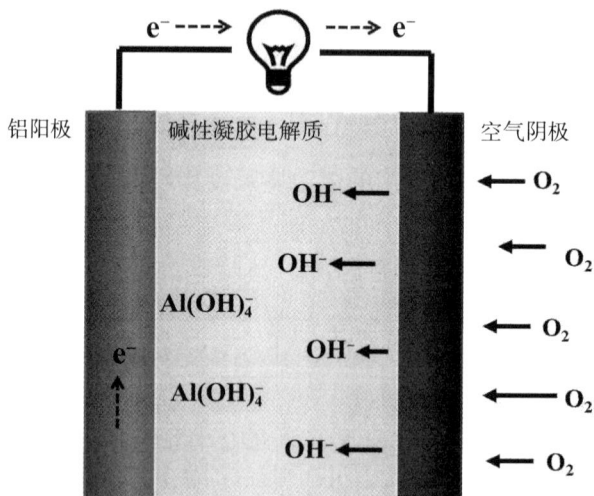

图 1.5 Al 空气电池工作原理示意

目前，铝空气燃料电池多采用碱性液体电解质。液体电解质具有较高的电导率，带电离子可充分扩散，但其缺点在于较强的流动性易使电解液通过多孔空气电极渗漏 [116,117]。为了避免这一问题，早期科学家在电极外侧覆盖隔水透气膜，隔水透气膜允许气体进入，同时防止液体渗出，但是这种隔水透气膜的透气性有限，会影响电池的放电性能。近年来，科学家在制备空气电极材料时添加疏水性聚四氟乙烯（Polytetrafluoroethylene，PTFE）粉末或乳液 [118]，可以有效抑制液体电解液的泄漏。但是，PTFE 会在电极材料表面形成隔离层，影响氧气与电解质中的催化剂和反应物向电极表面扩散 [119]。An[119]、Othman 等人 [120] 分别将琼脂水凝胶和水培水凝胶作为电解质成功应用于金属空气电池。最近，科学家提出固态凝胶电解质方案，这种电解质具有良好的机械强度和化学稳定性。Idris 等人 [121] 采用偏氟乙烯 – 聚甲基丙烯酸甲酯混合物合成了多孔凝胶电解质，其电导率为 1.21×10^{-2} S/cm。Wu 等人 [122] 在聚乙烯醇（PVA）中添加聚丙烯酸（PAA）制备凝胶电解质，其电导率为 $0.142 \sim 0.301$ S/cm，接近液态电解质的电导率。为此，基于上述研究方法，在 PAA 溶液中加入交联剂，促使聚合物链形成三维网格结构，使电解质溶液分子能够固定在网格中，从根本上解决电解液泄漏的问题。

另一个限制铝空气电池发展的主要因素是阳极金属的析氢腐蚀问题。纯铝与碱性电解质接触会自发放电，消耗金属阳极，同时释放氢气，存在一定的安全隐患，且铝的自腐蚀反应产物容易沉淀、附着在阳极金属表面，影响反应的正常进行 [123, 124]。科学家研究发现，使纯铝合金化，即向纯铝中加入一些微量合金元素，如 Hg、Ga、Ti 等，可使电位大幅度负移，降低阳极极化。加入 Zn、Sn、Pb 等元素对于阳极析氢有一定抑制作用，可提高放电效率及金属阳极的利用率 [125～128]。在此次研究中，将分别采用铝合金 Al7475、Al2024 和纯铝作为阳极金属，对比在不同的放电电流中三种铝空气电池的放电情况。

对于大部分电池的应用领域而言，电池的工作时间只占使用周期的一小部分，大部分时间电池是处于闲置状态的。因此，针对金属阳极的利用率低及析氢腐蚀问题，可以设计可分离式铝空气电池，使金属阳极和凝胶电解质在闲置时保持分离，避免不必要的析氢腐蚀，以提高金属阳极的利用率和使用时的安全性。

在电池的相关研究中，调控电解液的流动仅仅是研究的一方面，提高电解液的电导率，对于电池性能的提高至关重要。金属空气电池应用较为广泛的电解液是碱性电解质水溶液，其中最为常用的是 KOH 电解质溶液。目前针对 KOH 电解质溶液电导率的研究多采用实验方法、宏观模拟或经验公式计算，其中实验方法多受外界环境影响，而宏观模拟或经验公式与实验结果相比误差较大。根据文献调研，目前尚未有采用多尺度方法研究电解质溶液的电导率的先例。

1.3　主要研究内容

本书的主要研究目的是完成国家自然科学基金计划中的多尺度模拟部分未完成的研究任务，侧重 Couette 流、振动流和聚合物刷纳米通道流的多尺度模拟方法；并进一步把多尺度模拟方法扩展到微流控电池等实际应用领域；在时间允许的情况下，以多尺度模拟为指导设计、制作并实验新型铝空气电池。根据上述研究任务，确定主要研究内容如下：

（1）全面总结微纳尺度流体力学领域多尺度模拟的研究成果，分析、对比各种多尺度模拟模型和实现方案的优缺点，并在课题组多尺度模拟代码积累的基础上完善模拟软件。

（2）多尺度模拟研究微流道中的 Couette 流。

（3）多尺度模拟研究微纳流体振动流。

（4）研究聚合物刷对纳米通道的影响，多尺度模拟研究聚合物刷纳米通道流。

（5）研究微流控燃料电池的多尺度模拟方法。

（6）研究锂空气电池的多尺度模拟方法。

（7）研究铝空气电池电解质溶液电导率的多尺度模拟方法。

（8）设计并实验测试新的铝空气电池。

第 2 章　微纳流动的多尺度模拟

从第 1 章绪论可以看出，微纳流的连续 – 粒子耦合多尺度模拟中 C → P 层网格大小的选取主要靠经验。因此，本章将以 Couette 流动为例研究 C → P 层的大小以及 C → P 层中粒子的数目对模拟结果的影响，通过改变 C → P 层网格大小和剪切率，对流体的速度、密度、应力和温度等物理量进行分析研究。本章还将对稳态流体和微流体振动问题进行模拟分析。

本章将详细研究分子动力学、耗散粒子动力学模拟方法及连续 – 粒子耦合算法。首先，采用连续 – 分子动力学算法分析讨论 C → P 区域内不同的网格疏密程度对流体粒子速度及密度的影响；其次，采用连续 – 耗散粒子动力学方法模拟稳态流动问题，应用 Schwarz 交替方法对模拟区域进行空间解耦，并分析研究 C → P 区网格大小及剪切率对流体流动特性的影响；最后，采用连续 – 分子动力学方法模拟由振动引起的管壁附近的流体性质的变化。

2.1 微纳流动的分子动力学 – 连续耦合模拟

2.1.1 分子动力学

1. 基本原理

分子动力学模拟实际是一种"计算机实验"，选择一个由 N 个粒子组成的模拟体系，求解该系统的牛顿运动方程，在计算过程中观察系统内的性质参数。当性质参数随时间变化波动稳定时，则可判定系统达到平衡状态。平衡以后，根据所需进行数据的提取分析。分子动力学通过对体系内粒子的排列和运动的模拟实现宏观物理量的计算，不仅可以模拟许多物质的宏观凝聚特性，得到与实验结果可比拟或相符合的模拟结果，而且可以提供粒子运动的轨迹和微观结构，建立理论与实验的桥梁。

分子动力学模拟的出发点是假定粒子体系服从经典动力学方程，假定模

拟系统内粒子数为 N，粒子质量为 m，自由度为 s，可由牛顿方程表示：

$$\frac{\mathrm{d}p_i}{\mathrm{d}t} = -\frac{\mathrm{d}U(r^N)}{\mathrm{d}r_i} \tag{2.1}$$

式中：U 为势能；r_i 是粒子的广义坐标函数；p_i 为粒子第 i 个自由度的动量。

方程（2.1）也可以写为

$$m_i \frac{\mathrm{d}^2 r_i}{\mathrm{d}t^2} = -\frac{\mathrm{d}U(r^N)}{\mathrm{d}r} \tag{2.2}$$

在含有 N 个粒子的体系中，牛顿方程所描述的是极为复杂的 $3N$ 个二阶非线性耦合方程。因此，需要找到一种有效的方法求解方程组的数值解。根据牛顿动力学方程，体系内总能量守恒：

$$\begin{aligned}
\frac{\mathrm{d}H}{\mathrm{d}t} &= \sum \frac{\mathrm{d}U}{\mathrm{d}r_i}\frac{\mathrm{d}r_i}{\mathrm{d}t} + \sum \frac{\mathrm{d}}{\mathrm{d}t}\left(\frac{p_i^2}{2m_i}\right) \\
&= \sum \left(\frac{\mathrm{d}U}{\mathrm{d}r_i}\frac{\mathrm{d}r_i}{\mathrm{d}t} + \frac{p_i}{m}\frac{\mathrm{d}p_i}{\mathrm{d}t}\right) \\
&= \sum \left(\frac{\mathrm{d}U}{\mathrm{d}r_i}\frac{\mathrm{d}r_i}{\mathrm{d}t} + \frac{\mathrm{d}r_i}{\mathrm{d}t}\frac{\mathrm{d}p_i}{\mathrm{d}t}\right) \\
&= \sum \frac{\mathrm{d}r_i}{\mathrm{d}t}\left(\frac{\mathrm{d}U}{\mathrm{d}r_i} + \frac{\mathrm{d}p_i}{\mathrm{d}t}\right) \\
&= 0
\end{aligned} \tag{2.3}$$

根据上式，可以推断 $\dfrac{\mathrm{d}p_i}{\mathrm{d}t} = -\dfrac{\mathrm{d}U}{\mathrm{d}r_i}$。牛顿方程仍遵循动量守恒：

$$\begin{aligned}
\frac{\mathrm{d}}{\mathrm{d}t}\sum p_i &= \sum \frac{\mathrm{d}p_i}{\mathrm{d}t} \\
&= -\sum \frac{\mathrm{d}U}{\mathrm{d}r_i} \\
&= \sum f_i \\
&= 0
\end{aligned} \tag{2.4}$$

式（2.4）即为牛顿第三定律，施加在粒子上的作用力与反作用力是大小相等、方向相反的。

牛顿动力学方程也适用于笛卡儿坐标系，令 $q^N = (x_1, y_1, z_1, \cdots)$ 和 $p^N = (p_{x,1}, p_{y,1}, p_{z,1}, \cdots)$ 分别为体系内粒子的广义坐标函数和动量函数，则 Lagrange 方程可通过系统内的动能和势能来表示：

$$L(q^N, q^N) = K(q^N) - U(q^N) \qquad (2.5)$$

系统的运动方程可以表述为

$$\frac{\mathrm{d}}{\mathrm{d}t} \frac{\partial L}{\partial q_i} = \frac{\partial L}{\partial q_i} \qquad (2.6)$$

在笛卡儿坐标系下，$q^N = v^N$，$q^N = r^N$，则根据式（2.5）可推导出：

$$L(r^N, v^N) = \sum \frac{m|v_i|^2}{2} - U(r^N) \qquad (2.7)$$

因此，动力学方程可表述为

$$\begin{aligned} \frac{\mathrm{d}}{\mathrm{d}t} \frac{\partial L}{\partial v_i} &= \frac{\partial L}{\partial r_i} \\ \frac{\mathrm{d}}{\mathrm{d}t} m v_i &= -\frac{\partial U(r^N)}{\mathrm{d}r_i} \end{aligned} \qquad (2.8)$$

分子动力学的基本思想是针对所要模拟的体系，根据能量最小化原理得到模拟系统的 Lagrange 方程，根据势能方程计算系统内每一时刻每个粒子的受力情况，而后通过粒子运动方程推导下一时刻粒子的运动速度和位移，从而根据时间得到体系内每个粒子的运动轨迹。针对不同的计算需求，对模拟结果进行处理，以得到模拟体系的宏观统计量。

2. 粒子运动方程求解

可以通过有限差分法来求解二阶常微分方程。在分子动力学模拟中，常见的求解方法主要有 Verlet、Leap-Frog、Velocity-Verlet 和预测 – 校正方法。Verlet 算法是 20 世纪 60 年代法国物理学家 Loup Verlet 提出的，该方法运用 $t - \Delta t$ 时刻粒子的位置 $r(t - \Delta t)$ 以及 t 时刻粒子的位置 $r(t)$ 和加速度 $a(t)$ 来预

测 $t + \Delta t$ 时刻的粒子位置 $r(t + \Delta t)$ ，其差分方程的三阶 Taylor 展开为

$$r(t + \Delta t) = 2r(t) - r(t - \Delta t) + \Delta t^2 a(t) \qquad (2.9)$$

t 时刻的速度可以根据微分的基本法则得出：

$$v(t) = \frac{r(t + \Delta t) - r(t - \Delta t)}{2\Delta t} \qquad (2.10)$$

Verlet 算法的优势在于计算程序容易编译，占用计算机内存小；缺点在于位置项 $r(t + \Delta t)$ 要通过 Δt 的二阶项 Δt^2 和零阶项 $2r(t)$ 、$r(t - \Delta t)$ 相加得到，这容易降低计算数值的精度。并且从式（2.10）可以看出，这种计算方法并不是自启动算法，粒子速度并不参与位置的计算，仅作为计算结果出现。针对 Verlet 算法的缺点，Hockey 提出了 Leap-Frog 算法，这种算法涉及分布时间间隔的速度：

$$v\left(t + \frac{1}{2}\Delta t\right) = v\left(t - \frac{1}{2}\Delta t\right) + \Delta t \cdot a(t)$$
$$r(t + \Delta t) = r(t) + \Delta t \cdot v\left(t + \frac{1}{2}\Delta t\right) \qquad (2.11)$$

t 时刻粒子的速度由下式给出：

$$v(t) = \left[v\left(t + \frac{1}{2}\Delta t\right) + v\left(t - \frac{1}{2}\Delta t\right)\right] / 2 \qquad (2.12)$$

Leap-Frog 算法的优点在于所需计算量小，包含显式速度项，且收敛速度快；但是这种算法的缺点在于粒子的速度与坐标的计算不同步。Velocity-Verlet 算法改正了 Leap-Frog 算法位置与速度的不同步性，计算量适中，给出了显式速度项，并且不牺牲精度，是目前应用极为广泛的一种算法：

$$r(t + \Delta t) = r(t) + \Delta t \cdot v(t) + \frac{1}{2}\Delta t^2 \cdot a(t)$$
$$v(t + \Delta t) = v(t) + \frac{1}{2}\Delta t[a(t) + a(t + \Delta t)] \qquad (2.13)$$

预测－校正算法是基于 Taylor 展开的，即给定 t 时刻粒子的位置 $r(t)$ 、速度 $v(t)$ 、加速度 $a(t)$ 和加速度关于时间的导数 $b(t)$ ，预测 $t + \Delta t$ 时刻的速

度、加速度和位置。以三阶 Nordsieck 的预测 – 校正算法为例,上角标 p 表示这些量的预测值:

$$r^p(t+\Delta t) = r(t) + \Delta t \cdot v(t) + \frac{1}{2}\Delta t^2 \cdot a(t) + \frac{1}{6}\Delta t^3 \cdot b(t)$$

$$v^p(t+\Delta t) = v(t) + \Delta t \cdot a(t) + \frac{1}{2}\Delta t^2 \cdot b(t) \qquad (2.14)$$

$$a^p(t+\Delta t) = a(t) + \Delta t \cdot b(t)$$

$$b^p(t+\Delta t) = b(t)$$

而后,根据预测的结果计算加速度:

$$\Delta a(t+\Delta t) = a^c(t+\Delta t) - a^p(t+\Delta t) \qquad (2.15)$$

式中: $a^c(t+\Delta t)$ 为校正后的加速度。根据加速度的差值修正方程,得到位置、速度、加速度及时间导数的校正值:

$$r^c(t+\Delta t) = r^p(t+\Delta t) + c_0\Delta a(t+\Delta t)$$

$$v^c(t+\Delta t) = v^p(t+\Delta t) + c_1\Delta a(t+\Delta t)$$

$$a^c(t+\Delta t) = a^p(t+\Delta t) + c_2\Delta a(t+\Delta t) \qquad (2.16)$$

$$b^c(t+\Delta t) = b^p(t+\Delta t) + c_3\Delta a(t+\Delta t)$$

式中: c_0、c_1、c_2、c_3 取决于 Taylor 方程的展开阶数和微分方程。如果 Taylor 方程展开阶数高于三阶,则预测 – 校正算法的计算结果精度要高于 Velocity–Verlet 算法;但是极耗计算机内存,且计算效率较低。如果 Taylor 方程展开阶数低于三阶,则预测 – 校正算法的计算结果的精度未必高于 Velocity–Verlet 算法,且多次迭代必将导致计算量的大幅增加。

3. 势能模型

在分子动力学模拟中,计算非键结作用,通常将粒子视为位于粒子中心坐标的一点。本节模拟力场的短程非键结势能形式为 Lennard–Jones(LJ)势能[129,130],又称为 12–6 势能,如图 2.1 所示为 LJ 势能曲线,其函数表达式为

$$U_{LJ} = \begin{cases} 4\varepsilon_{LJ}\left[\left(\dfrac{\sigma}{r}\right)^{12} - \left(\dfrac{\sigma}{r}\right)^{6} - \left(\dfrac{\sigma}{r_c}\right)^{12} + \left(\dfrac{\sigma}{r_c}\right)^{6}\right] & r < r_c \\ 0 & r \geqslant r_c \end{cases}$$

（2.17）

式中：r 表示两个粒子间的距离；ε_{LJ} 与 σ 为 LJ 势能参数，因模拟粒子的种类而异。

在图 2.1 中，势能的最低点位于 $r = 2^{1/6}\sigma$ 处，σ 的大小能够反映粒子间的平衡距离；ε_{LJ} 的值是势能为 0 的点与势能最低点的差值，ε_{LJ} 值可以明确反映出势能曲线的深度。r_c 为截断半径，当粒子对间距离大于 r_c 时，LJ 势能为 0。在式（2.17）中，$(\sigma/r)^{12}$ 和 $(\sigma/r)^{6}$ 分别为斥力项和引力项，当粒子间距离较大时，粒子对间的非键结作用不再存在，LJ 势能趋近于 0。两种不同的粒子 A、B 间的 LJ 作用常数通常用如下方法估计：

$$\begin{aligned} \sigma_{AB} &= \frac{1}{2}(\sigma_A + \sigma_B) \\ \varepsilon_{AB} &= \sqrt{\varepsilon_A \varepsilon_B} \end{aligned}$$

（2.18）

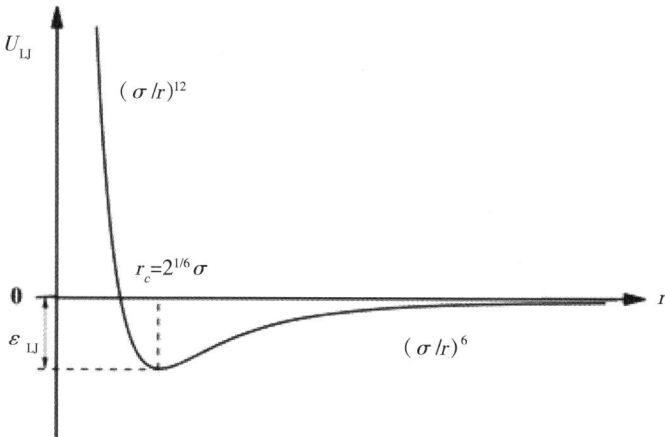

图 2.1　LJ 势能曲线

本书的分子动力学模拟将采用 LJ 简化单位。由于分子动力学所模拟的体系是微纳米尺度，若采用国际 CGS（Centimeter-Gram-Second）单位制，原子质量以 g 为单位，则原子质量的量纲为 10^{-22} g；位置以 cm 为单位，则量纲为 10^{-8} cm；积分步长以 s 为单位，则量纲为 $10^{-16} \sim 10^{-13}$ s。这些常用量的量纲均很小，可能会在模拟中出现计算误差。因此，在我们的模拟中，采用 LJ 简化单位（Reduced Unit）以减少误差。在 LJ 单位中，以质量 m、长度 σ、能量 ε、时间 τ 作为基本单位，其他物理量单位均由以上基本单位推导得出。表 2.1 为各种物理量简化单位的转换式，其中 * 标为简化单位。

表 2.1　物理量简化单位转换式

简化物理量		转换式
密度	ρ^*	$\rho \times \sigma^3$
温度	T^*	$k_B T / \varepsilon$
能量	E^*	E / ε
时间	τ^*	$(\varepsilon / m\sigma^2)^{1/2} \tau$
力	f^*	$f\sigma / \varepsilon$
力矩	M^*	M / ε
压力	P^*	$\rho \sigma^3 / \varepsilon$

4. 热浴模型

我们所讨论的分子动力学是研究在体积 V 中 N 个粒子的经典体系的自然时间演绎方法，体系的总能量 E 是恒定不变的常数，属于微正则系综 NVE。在分子动力学模拟中，虽然系统的总能量不变，但是系统动能和势能之间会相互转换。因此，不同时间步的动能和势能并不是一成不变的，而是存在一定波动的。一般来讲，最初系统内粒子构型中的势能要高于平衡状态，随着系统逐渐趋于平衡，系统的势能会转化为动能，这必然使系统的实际温度高于目标温度，因此需要控制系统的温度变化。若给定一个系统温度 T，令模拟体系与一个巨大的热浴进行接触，体系处于一个给定能态的概率由玻耳兹曼分布给出，且对于一个经典体系，麦克斯韦－玻尔兹曼速度分布服从：

$$P(p) = (\frac{\beta}{2\pi m})^{\frac{3}{2}} \exp[-\beta p^2 / (2m)] \tag{2.19}$$

式中：$\beta = 1 / k_{\text{B}}T$。由此可得到给定温度 T 与每个粒子的平均动能间的简单关系：

$$k_{\text{B}}T = m\langle v_\alpha^2 \rangle \tag{2.20}$$

式中：v_α 为粒子速度的 α 分量。可见，体系温度的变化与系统中粒子的数量和速度密切相关。

分子动力学模拟中，常见的热浴方法有直接速度标定法、Langevin 热浴[131]、DPD 热浴[132,133]、Berendsen 热浴[134]、Nose–Hoover 热浴[135]、Andersen 热浴[136]。在上述诸多热浴方法中，直接速度标定法是最简单的温控方法。这种方法通过调节粒子的速度来实现对系统温度的控制。若系统当前温度为 T，粒子的速度为 v_i，设定的目标温度为 T_0，则重新标定后粒子的速度为：

$$v_i' = \sqrt{\frac{Sk_{\text{B}}T_0}{\sum\limits_i^N mv_i \cdot v_i}} = \sqrt{\frac{T_0}{T}}v_i \tag{2.21}$$

式中：S 为系统的总自由度。该方法优点在于编程简单；缺点在于只是强制性地将现有温度调节到目标温度，并未考虑系统的温度波动。

Langevin 热浴是分子动力学模拟中应用极为广泛的温控方法，在高分子溶液的模拟研究中，需显式地包含大量的溶剂粒子，且系统内溶剂粒子的数量远远多于高分子聚合物的单体数量。Langevin 热浴方法用随机力和阻尼力代替溶剂，可以减少模拟时间，非常适用于高分子溶液的分子动力学模拟。阻尼力会消耗系统能量，而系统能量主要来源于粒子间的随机碰撞转移产生的动能和动量，阻尼力和随机力的协同作用确保系统保持恒定的热平衡状态。Langevin 热浴可通过如下运动方程表达：

$$m_i v_i = F_i^c + F_i^f + F_i^r \qquad (2.22)$$

式中：F_i^c 表示系统中其他粒子作用在第 i 个粒子上的确定力，即为第 i 个粒子所受到的保守力。F_i^f 为阻尼力，可通过如下方程计算：

$$F_i^f = -\gamma m v_i \qquad (2.23)$$

式中：γ 为阻尼率，与溶剂黏度相关，用于控制温度的松弛速率，其量纲为时间的倒数。γ 过大会造成过阻尼，过小会造成欠阻尼，因此，参数 γ 的选择十分重要。F_i^r 是服从高斯分布的随机力，与阻尼率之间的关系满足耗散涨落定理（Fluctuation Dissipation Theorem, FDT）[137]：

$$\left\langle F_i^r[t] \right\rangle = 0$$
$$\int \left\langle F_i^r[0] \cdot F_i^r[t] \right\rangle \mathrm{d}t = 6 k_{\mathrm{B}} T \gamma_i \qquad (2.24)$$

在本节的研究中，若采用 Langevin 热浴，则设定阻尼率为 $\gamma = 0.5\tau^{-1}$。

5. 边界条件

在分子动力学模拟中，体系内的粒子处于模拟盒子内，且会有部分粒子处于模拟盒子的边缘，模拟结果会受到模拟盒子的表面性质和盒子本身尺寸的影响。然而，不能为了避免这种边界影响而将模拟体积设定为极端大，因为即使采用现代的巨型计算机，体系内能够计算的粒子数量也是有限的。因此，合理地处理模拟盒子的边界条件对于分子动力学模拟是非常必要的。本节的模拟中主要采取两种方式处理模拟盒子的边界条件，即周期性边界条件和固定边界条件。

（1）周期性边界条件。假设体系内的粒子数为 N，若将其置于立方体盒子中，设盒子的边长分别为 L_x、L_y 和 L_z，则其体积为 $V = L_x \times L_y \times L_z$。若粒子

的质量为 m，则体系内的密度为 $d = Nm / (L_x \times L_y \times L_z)$。为了保持系统内粒子密度恒定不变，可采用周期性边界条件（Periodic Boundary Condition）。如图 2.2 模拟盒子中的粒子和运动方向所示，以二维计算体系为例。图中中心位置的盒子即为实际模拟盒子，周围的 8 个模拟盒子具有与实际模拟盒子相同的粒子分布和运动轨迹，即为周期性镜像（Periodic Mirror Image）系统。模拟系统中任意一个粒子运动超出模拟盒子，则有另外一个粒子从相对的方向以相同的速度运动进入模拟盒子，如图 2.2 中标号为 2 的粒子运动所示。这种边界条件可以确保系统中的粒子数量保持不变，模拟盒子粒子密度不变，与实际情况相符。

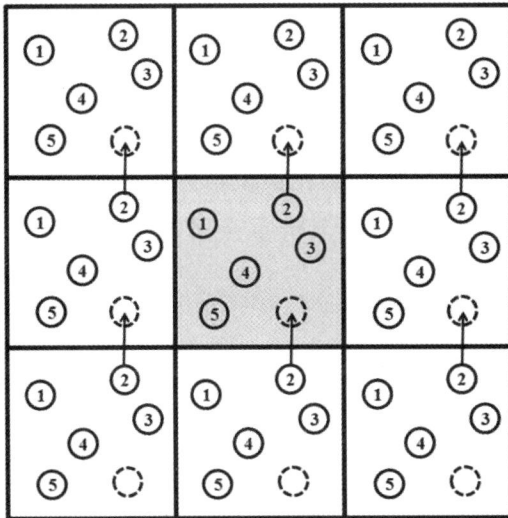

图 2.2　二维周期性系统的粒子排列与移动

（2）固定边界条件。固定边界条件（Fixed Boundary Condition）也是分子动力学模拟中常用的一种处理模拟盒子边界的方法。所谓固定边界条件，是根据时序模拟需要设定模拟盒子的尺寸，并设置模拟盒子边界处的粒子固定不动，盒子内其他粒子在运动时将被限制在固定边界内，保持体系内粒子数量不变。在本节的研究中，有些模拟需要使用固定边界条件，如微流道的壁面处根据实际情况需将壁面粒子设为固定不动，使得流道内的流体粒子被限制在管壁内流动。

2.1.2　连续－粒子耦合算法

在连续－粒子耦合算法中，连续区域（Continuity）需与粒子区域（Particle）通过一定宽度的重叠区进行信息交换，根据不同功能可将重叠区域划分为若干层。在本节的耦合算法中，将重叠区划分为 P → C 层、缓冲层（Buffer）和 C → P 层，如图 2.3 所示。其中，x_1　x_2 为 P → C 层，x_2　x_4 为缓冲层，x_4　x_5 为 C → P 层，x_5　x_6 为粒子池，每一层的长和高分别为 Δx 和 Δy。缓冲层夹在 C → P 层和 P → C 层中间，缓冲层中的粒子对不同区域间的信息交换不起作用，但其宽度对耦合算法的收敛性影响极大。P 区中的粒子数恒定，主要依靠粒子池中的粒子，可通过对系统施加热通量边界条件以实现热传导的相关模拟。C → P 区和 P → C 区是耦合算法中至关重要的两个部分，本节将重点研究 C → P 区和 P → C 区的模拟分析。

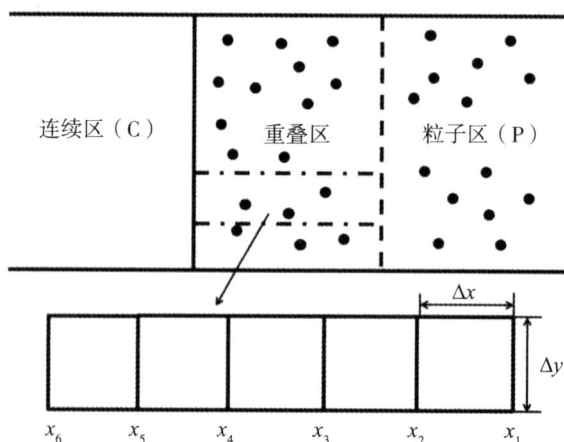

图 2.3　连续－粒子耦合算法区域划分示意

1.粒子区域的连续边界条件

P→C区的边界信息交换的实现较为简单，最常用的方法是统计平均法。Li[137]等人提出了一种场估计的方法，该方法假设粒子区域服从Maxwell分布，运用最大似然估计来求得分布中的未知参数，这样可以得到区域内光滑的数据分布。为了提高计算效率，在本章的计算中，将通过延长统计平均时间或扩大P→C区的宽度等方法以增加采样数量，同样可以得到近似光滑的边界条件。本章所采用的统计平均方法需对P→C区内粒子的物理量 $\phi_i(t)$ 进行数平均：

$$\phi_s = \frac{1}{N_{pc}} \sum_{i=1}^{N_{pc}} \phi_i(t) \tag{2.25}$$

然后对 $\phi_s(t)$ 进行时间平均：

$$\overline{\phi}_s(t) = \frac{1}{\Delta t_v} \int_0^{\Delta t_v} \phi_s(t - t') \mathrm{d}t' \tag{2.26}$$

式中：N_{pc} 是P→C区中的粒子数；Δt_v 为统计平均时间。

2.连续区域的粒子边界条件

耦合算法的计算核心在于C→P区的信息交换，这一区域的信息交换是通过平均温度、速度以及温度和速度的梯度等少数几个宏观物理量来实现对该区域内每个粒子的控制。相同的宏观物理量可以有多种不同的粒子分布方式，应该按照具体问题所具有的物理性质选用合适的耦合算法。

将连续区域（C区）的速度边界条件强加在粒子区域（P区）上可通过约束动力学方法实现。在C→P区域内的粒子受到的非完整约束为

$$\sum_{i=1}^{N_{cp}} p_i - Mu = 0 \tag{2.27}$$

式中：p_i 表示第 i 个粒子的动量；u 为流体单元的连续速度解；M 表示所对应流体单元的质量。通过求解拉格朗日量的极值，可以将C→P区域内粒子的平均速度约束到对应的速度 u，推导出受约束形式的运动方程为

$$x_i = \frac{F_i}{m} - \frac{1}{N_{cp}m}\sum_{k=1}^{N_{cp}}F_k + \frac{\mathrm{d}u(t)}{\mathrm{d}t} \qquad (2.28)$$

式中： $\mathrm{d}u(t)/\mathrm{d}t$ 为随体导数，可将速度导数离散为如下形式：

$$\frac{\mathrm{d}u(t)}{\mathrm{d}t} = \frac{1}{\Delta t}\left[u(t+\Delta t) - \frac{1}{N_{cp}}\sum_{j=1}^{N_{cp}}v_j(t)\right] \qquad (2.29)$$

将式（2.29）代入式（2.28）中可得

$$x_i = \frac{F_i}{m} - \frac{1}{N_{cp}m}\sum_{k=1}^{N_{cp}}F_k + \frac{1}{\Delta t}\left[u(t+\Delta t) - \frac{1}{N_{cp}}\sum_{j=1}^{N_{cp}}v_j(t)\right] \qquad (2.30)$$

若将方程（2.28）的后两项同时乘以系数 ξ ，即为 O'Connell 等人提出的约束力方程。参数 ξ 可用于控制重叠区域中粒子的局部松弛率和动量。 ξ 的选取与流体的流动特性有关。在加速流动中，较大的 ξ 值会导致对粒子速度涨落的过分抑制，影响粒子的热运动速度；而较小的 ξ 值会导致粒子速度滞后于连续解。Nie 将 ξ 取值为 1，即方程（2.30），这样可以避免模拟中出现时间上的延迟。

3.边界力模型

在模拟系统边界上施加相应的作用力可将粒子限定在一定的模拟区域内。根据 O'Connell 和 Thompson 的研究，这一作用力可通过如下排斥力描述：

$$F_i^{\text{ext}} = -\alpha P \rho^{-2/3} \qquad (2.31)$$

式中： F_i^{ext} 表示边界面法向方向上的作用力，在整个边界区域内保持恒定； α 是阶数为 1 的可调常数； P 表示系统压力； ρ 为粒子密度。Nie 等人给出了一种随粒子位置变化的排斥力表达：

$$F_i^{\text{ext}} = -\beta P \sigma \frac{x_i - x_0}{1 - (x_i - x_0)/(x_w - x_0)} \qquad (2.32)$$

式中：β 是可调常数；x_0 和 x_w 分别表示连续区域的边界面和粒子区域的边界面。也就是说，粒子的坐标越趋近于 x_w，粒子所受到的力将趋近于无穷大，实际上，这是不符合客观现实的。若计算步长选取足够小，上述排斥力的形式就可以避免系统内粒子飞出模拟盒子；同时，由于盒子边界处的排斥力较大，能够在边界附近的位置形成具有一定厚度的空隙，在这个区域添加粒子，可避免不可预料的粒子重叠。根据这一情况，Werder 等人开发了一种新的边界力作用形式：

$$F_i^{\text{ext}}(r_w) = -2\pi\rho \int_{z=r_w}^{r_c} \int_{x=0}^{\sqrt{r_c^2-z^2}} g(r) \frac{\partial U_{12-6}}{\partial r} \frac{z}{r} x \mathrm{d}x \mathrm{d}z \qquad (2.33)$$

式中：r_w 为到边界面的距离；$g(r)$ 为径向分布函数；U_{12-6} 为 Lennard–Jones 势能，LJ 势能既存在排斥力部分，同时存在吸引力部分，因而可以有效地抑制模拟盒子边界处的粒子密度波动。根据本书的研究需要，将采用公式（2.32）的算法。

4. Schwarz 交替算法

在连续–粒子耦合算法中，将整个计算区域分解为连续区域和粒子区域，并且在不同的子域采用不同的数值计算方法，这种混合求解的方法来自区域分解算法的思想。本节采用的区域分解算法是重叠型的 Schwarz 交替方法 [138,139]，该方法主要用于并行计算中求解偏微分方程的数值解，通过将求解域分成若干重叠的子域来达到并行计算的目的。本书的耦合算法并没有将该方法用于并行计算，而是采用了这种方法最初提出时的思想，即 Schwarz 为了证明复杂区域上微分方程解的存在性而提出的方法。为了便于问题的讨论，将求解域 Ω 分为 Ω_1 和 Ω_2 两部分，$\Omega = \Omega_1 \cup \Omega_2$，$\Gamma_1$ 和 Γ_2 分别是 Ω_1 和 Ω_2 的内边界，如图 2.4 所示。

若考虑的模型问题在 Ω 内和 $\partial\Omega$ 上为

$$\begin{aligned} Lu &= f \\ u &= g \end{aligned} \qquad (2.34)$$

式中：L 是线性椭圆形算子，$\partial\Omega$ 为区域 Ω 的边界。在区域 Ω_2 内，给定初始值

u_2^0。对于 $n = 1, 2, 3$，需连续地求解在 Ω 内、$\partial\Omega \setminus \Gamma_i$ 上和 Γ_i 上的边值问题：

$$\begin{cases} Lu_1^n = f \\ u_1^n = g \\ u_1^n = u_2^n \mid_{\Gamma_1} \end{cases} \quad (2.35)$$

$$\begin{cases} Lu_2^n = f \\ u_2^n = g \\ u_2^n = u_1^n \mid_{\Gamma_2} \end{cases} \quad (2.36)$$

式中：u_i^n 为区域 Ω_i 内的解；$\partial\Omega_i \setminus \Gamma_i$ 表示区域 Ω_i 上除边界 Γ_i 之外的边界。

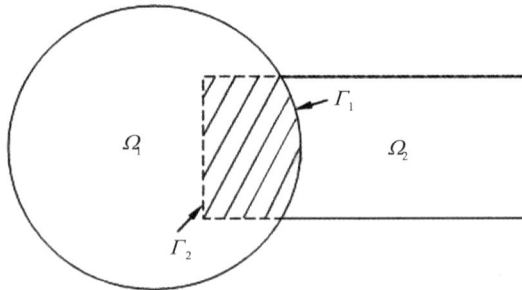

图 2.4　Schwarz 区域分解示意

　　本章将采用 Couette 流来给出 Schwarz 交替方法的直观解释，如图 2.5～图 2.7 所示。在 Couette 流中，流道上壁以速度 u_w 运动，下壁保持静止不动。在第一次迭代时，首先给出区域 2 内速度的猜测解，这样就给出了区域 1 中速度的边界条件。在区域 1 中求解 NS 方程，可以得到区域 1 内的速度，从而为区域 2 的第二次迭代提供边界条件。进行第二次迭代，求得区域 1 内的速度。这样不断地迭代下去，直到 u_i^n 几乎不随 n 的增加而有什么变化，就得到了问题的近似解。

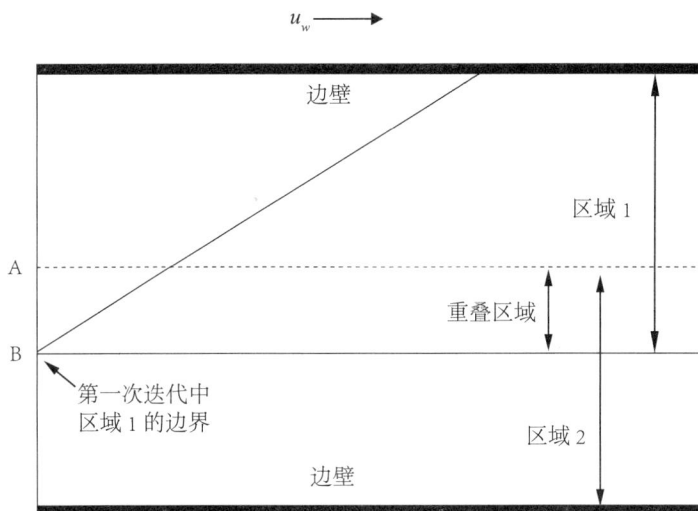

图 2.5　Couette 流的 Schwarz 交替方法第一次迭代示意

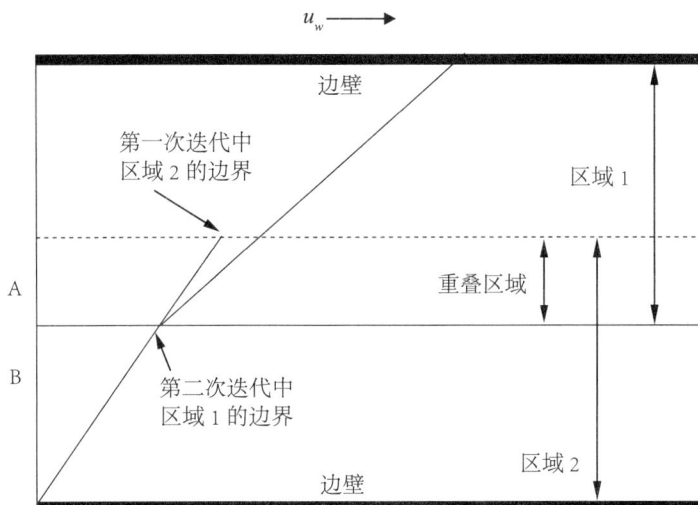

图 2.6　Couette 流的 Schwarz 交替方法第二次迭代示意

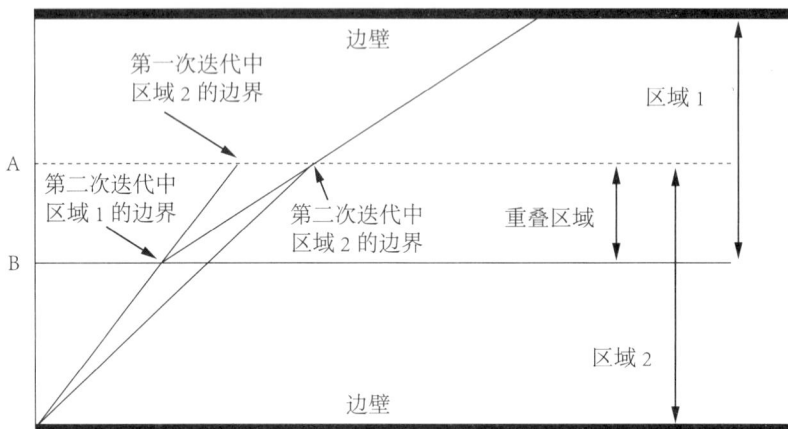

图 2.7　Couette 流的 Schwarz 交替方法第三次迭代示意

　　Hadjiconstantinou 和 Patera 最先将 Schwarz 交替方法应用在连续－粒子耦合算法中，如果合理的边界条件能够施加在重叠区域的内边界上，则连续－粒子耦合算法是收敛的。为了能在内边界上施加合理的边界条件，需注意重叠区域的位置和宽度。重叠区域位置的选择需要确保宏观连续方程和粒子区域方程同时在该区域有效，即关键是微观方程满足宏观连续方程的条件。在微流体的模拟中，至今也没有一个有效的方法使得重叠区域的位置既满足宏观连续方程的有效性，又能够使得微观粒子区域的模拟最小化。Schwarz 交替方法的收敛速度依赖于重叠区域的宽度，选择合适的重叠区域宽度也是算法设计的关键。不过，在现有的连续－粒子耦合算法中，重叠区域的宽度大多是以经验给定的，并不存在公式化的标准。另外，算法中间的差异也会影响算法的收敛性。一方面，连续区域需要的边界条件应该是平滑连续的，而粒子区域模拟得到的数据却存在固有的统计波动性；另一方面，$C \to P$ 区的连续边界条件并不对应唯一的粒子状态，粒子的状态只能按照一定的分布函数生成，或者施加一定的约束条件来控制其运动状态。

2.1.3　系统模型

本节模拟区域的划分如图 2.8 所示，区域的边壁采用非滑移边界条件，上壁速度为 u_w，下壁保持静止不动。本章的研究将不考虑连续区域的求解，仅考虑粒子区域和重叠区域的求解。粒子区域在 x 和 y 方向的尺寸为 $L_x \times L_y = 13\sigma \times 24\sigma$，$z$ 方向为周期性边界条件，将在模拟计算中根据计算需要改变 z 方向的厚度。重叠区域中的 $C \to P$ 区是本节主要的研究对象，具体尺寸将在分析讨论中根据计算需要设置。

在模拟过程中，系统温度设为 $T = 1.1\varepsilon_{LJ} / k_B$，粒子密度为 $\rho\sigma^3 = 0.81$，在这样的条件下，根据实验研究，流体的动力学黏度为 $2.41\varepsilon_{LJ}\tau / \sigma^3$。分子动力学模拟的时间步长为 $\Delta t = 0.005\tau$，先进行 45 000 时间步平衡计算，而后进行耦合模拟，耦合模拟共计算 2×10^6 时间步，在耦合模拟过程中，每隔 50 步进行一次采样分析。

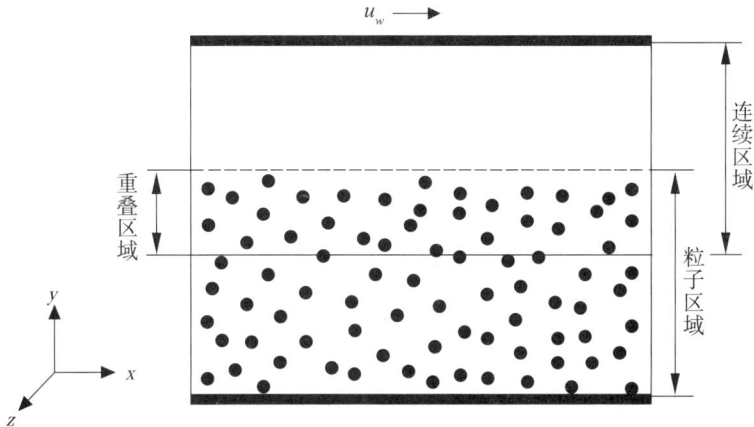

图 2.8　Couette 流动的耦合算法示意

2.1.4　C → P 区域网格大小对流体流动特性的影响

在本章的研究中，将 C → P 区域沿 x 方向划分为不同的层数进行模拟计算，每层的粒子平均速度约束为 $1\sigma/\tau$。在整个模拟区域中，Couette 流动的 x 方向速度曲线应该是一条直线，因此在粒子区域的速度曲线也应该是一条近似的直线，特别是在重叠区域附近。本节将以此标准来判定所划分网格中的粒子数对算法精度的影响。如图 2.9 所示，将 C → P 区域划分为 1、2、5、10 和 20 层，图中的直线表示不同网格划分情况下，粒子区域下边壁附近速度的渐近线。

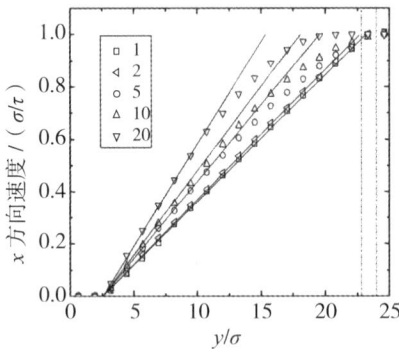

图 2.9　C → P 区域内的粒子速度曲线（z 方向厚度为 7.2σ）

从图 2.9 中粒子沿 x 方向的速度曲线中可以看出，C → P 区域网格划分越少，粒子速度曲线偏离正确的速度曲线越远。可以看出，下边壁附近的速度曲线近似于直线，而在粒子区域的中间部分发生弯曲，最终在 C → P 区域达到指定的速度值。当 C → P 区域划分为 20 层时，在图中可以看到，在 C → P 区域附近速度近似于直线，这将导致 C → P 区域附近的黏性剪切率降低，相反，在边壁附近的剪切率要比正确的理论值大。

若将 C → P 区域的层厚增加到 20σ，并分别将其划分为 5 层和 10 层，粒子在 x 方向上的速度将如图 2.10 所示，从图中可以看出，粒子的速度解相对于图2.9的情况更接近于正确解。另外，不难看出，$C \rightarrow P$ 区域网格划分为5层时的情况相对于10层的情况更接近于正确解。因此，在进行二维Couette流动模拟时，可以推测，解的正确性不仅与 $C \rightarrow P$ 区域网格划分有关，而且与周期方向（本节中为 z 方向）的厚度有关。

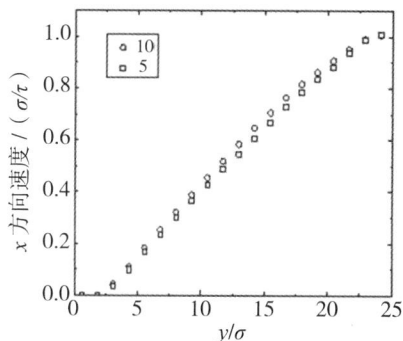

图 2.10 $C \rightarrow P$ 区域内的粒子速度曲线

这两个因素共同影响网格内的粒子数，表2.2中给出的是不同网格尺寸下，网格内的平均粒子数分布情况。由表2.2和图2.9可知，当 z 方向的厚度为 7.2σ 时，网格层数不低于2层，这时网格中的粒子数为46；结合图2.10可知，当 z 方向的厚度为 20σ 时，网格层数不应低于5层，此时网格中的粒子数为49。因此，在耦合模拟时，应该保证每个网格内存在50个粒子，每个方向的平均尺寸应该为 7.5σ。另外，每个方向上的平均尺度应该大于 1σ，即大于LJ势能的长度参数。本节所模拟的体系内粒子密度为 $\rho\sigma^3 = 0.81$，在其他中高密度情况下，网格的平均尺寸为 $7.5(\rho^* / \rho)^{1/3}$，其中 ρ^* 为参考密度，这里取0.81，ρ 为其他情况下的密度。$C \rightarrow P$ 区域网格划分的疏密程度与粒子密度相关，粒子密度越高，则网格可以划分得越细。在一定的密度条件下，不能将网格划分得太细，网格划分过细将导致宏观量统计上的误差，以及由约束动力学引入的误差。对于连续流体动力学方程的数值求解来讲，网格划分得越细，得到的解越接近于解析解，这与微观的粒子模拟有着很大的区别。本节的研究结果表明了宏观和微观尺度模拟在网格划分疏密程度上选择的差异。

表 2.2　不同网格划分条件下，网格内的平均粒子数分布

网格尺寸	网格平均粒子数
$13\sigma \times 1.2\sigma \times 7.2\sigma$	92
$6.5\sigma \times 1.2\sigma \times 7.2\sigma$	46
$2.6\sigma \times 1.2\sigma \times 7.2\sigma$	19
$1.3\sigma \times 1.2\sigma \times 7.2\sigma$	10
$0.65\sigma \times 1.2\sigma \times 7.2\sigma$	6
$2.6\sigma \times 1.2\sigma \times 20\sigma$	49
$1.3\sigma \times 1.2\sigma \times 20\sigma$	26

由表 2.2 可知，虽然网格划分越稀疏，网格中的粒子数越少，但是整个 $C \to P$ 区域内的粒子数却有所增加。特别是将 $C \to P$ 区域划分为 20 层时，$C \to P$ 区域内的平均粒子数为 120；当网格数为 1 时，$C \to P$ 区域内的平均粒子数为 92。笔者认为导致这种情况的主要原因是网格划分越密，分布在每个网格中的粒子数就越少，粒子沿 x 方向的速度波动也越小，出现了类似于固壁边界附近的粒子分布情况。为了证明这一判断，本节分析统计了不同网格划分情况下的粒子数密度分布曲线，如图 2.11 所示。在每种情况下，采用 $C \to P$ 区域中间的粒子数密度对不同情况下的粒子数密度进行标定。

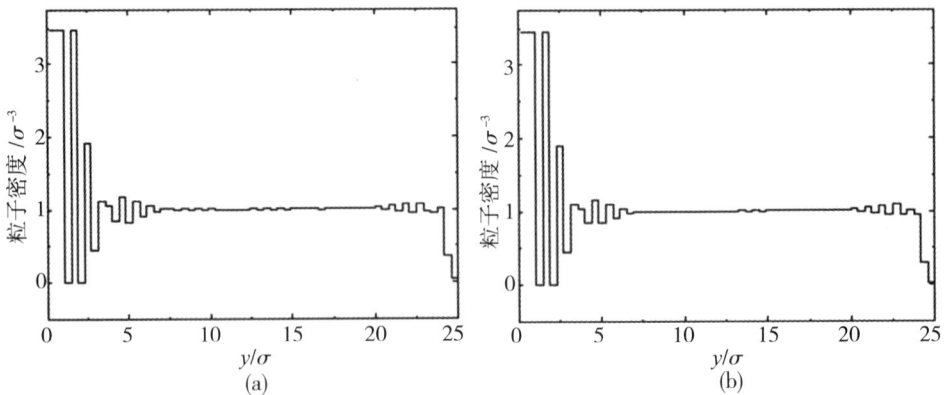

(a)　(b)

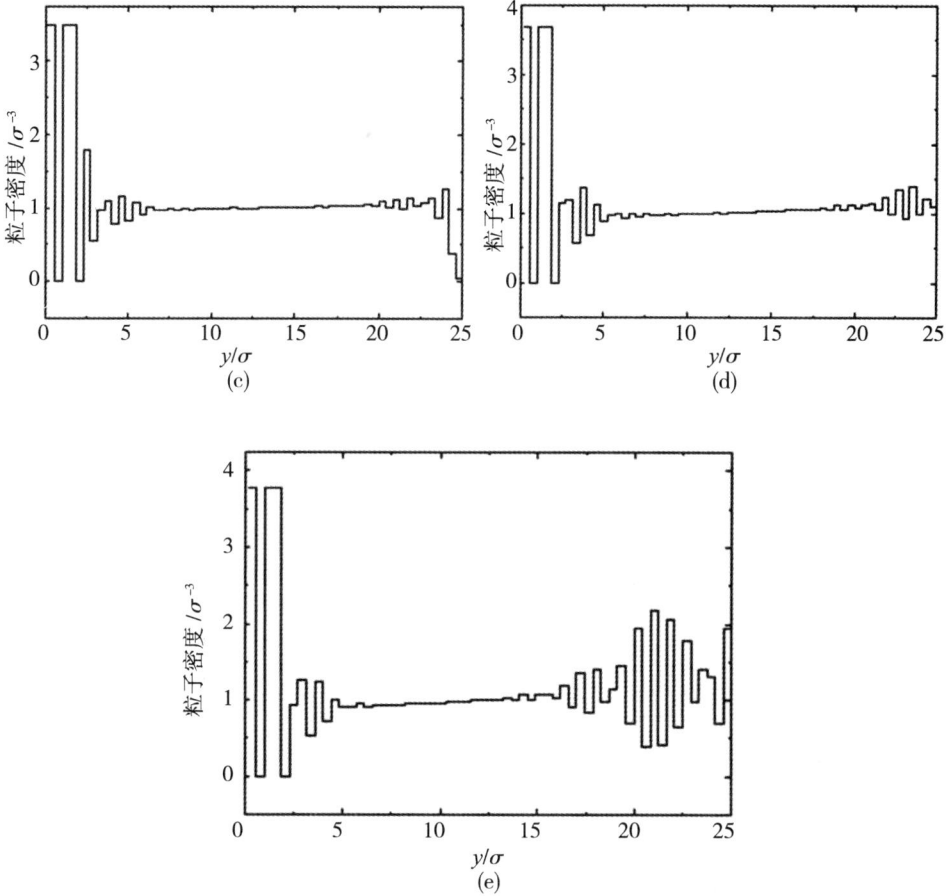

图 2.11　C→P 区域中不同网格划分条件下的粒子密度曲线

　　从图中可以看出，网格划分越密，C→P 区域附近的粒子密度波动越大，出现类似于固壁边界附近的粒子分层分布现象。现有的文献并没有连续－粒子耦合模拟文章提到过类似的现象。由于 C→P 区域中的粒子存在 y 方向的速度波动，大量的粒子不断地从 C→P 区域中进出，使得这种分层分布的区域比固壁附近更宽。一般来讲，我们希望尽可能减少耦合区域及附近的粒子密度波动，因为粒子密度波动越小，模拟的结果也就越精确。Kotsalis 等

人 [139] 通过其提出的边界力模型来限制边界附近的密度波动情况，通过模拟表明该势能模型可以有效地限制边界附近虚假的密度波动，不过该文章并没有讨论网格划分大小对粒子密度波动的影响。

当 C → P 区域中网格划分较细时，区域中间部分的密度不再保持常数，而是出现由边壁附近到重叠区域附近增高的趋势，这明显是违背物理常识的。因此，模拟过程应该保证每个网格内存在一定的粒子数，这样既可以保证速度分布的正确性，又可以消减不必要的虚假密度波动。正如本书上述模拟中所得出的结论，每个网格中的粒子数不应低于 50。如果结合Kotsalis 等人的边界力模型，则可以在网格中粒子数更少的前提下，减少密度波动。

2.2 微纳流动的耗散粒子动力学 – 连续耦合模拟

2.2.1 耗散粒子动力学

耗散粒子动力学（Dissipative Particle Dynamics, DPD）是 1922 年由Hoogerbrugge 和 Koelman 提出的介于原子尺度与介观尺度的模拟方法，将分子视为一团或一堆，DPD 粒子是一种软粒子，每一个 DPD 粒子都对应大量的分子或原子基团，相比于分子动力学模拟，从空间上来讲，其范围可以覆盖更多的粒子体系，从时间上来讲，可以研究较大单位时间步长内系统粒子的运动行为。DPD 方法的优点是可以详细论述分子的分散和堆积问题，适用于研究不同分子类型的混合体系，能够研究高分子的运动特性和复杂流体的动力学行为。DPD 方法在模拟大分子体系时能够节省大量的计算时间，是连接微观尺度和宏观尺度的桥梁。但是，DPD 算法也存在一定缺陷，如DPD 系统内粒子对间的势能是"软势能"，在模拟微纳流道内的流体流动特性时，流体粒子会有飞出模拟盒子的可能。另外，DPD 模拟算法并不适用于模拟非滑移边界条件。早期的 DPD 方法仅适用于模拟等温的系统，但是介观模拟中经常要计算带有温度梯度的系统，针对这一问题，DPDE 算法[140]是针对 DPD 算法的一种修正模型，在该算法中引入了每个粒子的能量及温度变量，保持模拟过程中的能量守恒。

DPD 算法是通过求解体系内粒子的速度、加速度和位移，经过数据处理分析，得到流体的运动规律。每个 DPD 粒子都具有随机波动和耗散性质，依照牛顿运动方程，即

$$\frac{\mathrm{d}\boldsymbol{r}_i}{\mathrm{d}t} = \boldsymbol{v}_i \tag{2.37}$$

$$\frac{\mathrm{d}\boldsymbol{v}_i}{\mathrm{d}t} = \boldsymbol{f}_i \tag{2.38}$$

每个 DPD 粒子所受到的力为

$$\boldsymbol{f}_i = \sum_{j \neq i} (\boldsymbol{F}_{ij}^C + \boldsymbol{F}_{ij}^D + \boldsymbol{F}_{ij}^R) \tag{2.39}$$

式中：$\boldsymbol{F}_{ij}^C$ 为粒子间的保守力（Conservative Force）；$\boldsymbol{F}_{ij}^D$ 为耗散力（Dissipative Force）；$\boldsymbol{F}_{ij}^R$ 为随机力（Random Force）。粒子对间的相互作用均在一个给定的截断半径 r_c 范围内，在 DPD 模拟中，截断半径一般设为单位长度，即 $r_c = 1$。保守力 $\boldsymbol{F}_{ij}^C$ 的作用力形式为

$$\boldsymbol{F}_{ij}^c = \begin{cases} a_{ij}(1 - r_{ij})\hat{\boldsymbol{r}}_{ij} & r_{ij} < r_c \\ 0 & r_{ij} \geq r_c \end{cases} \tag{2.40}$$

式中：a_{ij} 为粒子 i 与粒子 j 间最大的排斥力，属于保守力参数，即粒子对间的排斥强度。$\boldsymbol{r}_{ij} = \boldsymbol{r}_i - \boldsymbol{r}_j$，$r_{ij} = |\boldsymbol{r}_{ij}|$，$\hat{\boldsymbol{r}}_{ij} = \boldsymbol{r}_{ij} / |\boldsymbol{r}_{ij}|$。

耗散力 $\boldsymbol{F}_{ij}^D$ 与粒子对间的相对速度成正比，表示粒子对间的相互摩擦，其作用形式为

$$\boldsymbol{F}_{ij}^D = \begin{cases} -\gamma \omega^D(r_{ij})(\boldsymbol{v}_{ij} \cdot \hat{\boldsymbol{r}}_{ij})\hat{\boldsymbol{r}}_{ij} & r_{ij} < r_c \\ 0 & r_{ij} \geq r_c \end{cases} \tag{2.41}$$

随机力 $\boldsymbol{F}_{ij}^R$ 的表达形式为

$$F_{ij}^R = \begin{cases} \sigma \omega^R(r_{ij})\theta_{ij}\Delta t^{-1/2}\hat{r}_{ij} & r_{ij} < r_c \\ 0 & r_{ij} \geq r_c \end{cases} \quad (2.42)$$

式中：γ 为摩擦系数，也称为耗散力系数；$v_{ij} = v_i - v_j$ 为粒子 i 与粒子 j 之间的相对速度矢量；σ 为噪声强度，也称为随机力强度；ω^D 和 ω^R 为权重因子，表达形式为

$$\omega^D(r) = [\omega^R(r)]^2$$
$$\gamma = \frac{\sigma^2}{2k_B T} \quad (2.43)$$

依此关系，可将权重因子简单表示为 [142]

$$\omega^D(r) = [\omega^R(r)]^2 = \begin{cases} (1-r)^2 & r < r_c \\ 0 & r \geq r_c \end{cases} \quad (2.44)$$

$\theta_{ij}(t)$ 是高斯分布的随机函数，即

$$\langle \theta_{ij}(t) \rangle = 0$$
$$\langle \theta_{ij}(t)\theta_{kl}(t') \rangle = (\delta_{ik}\delta_{jl} + \delta_{il}\delta_{jk})\delta(t-t') \quad i \neq j, k \neq l \quad (2.45)$$

DPD 粒子的运动方程可以由类似 Verlet 的方法求解：

$$r_i(t+\Delta t) = r_i(t) + v_i(t)\Delta t + \frac{1}{2}f_i(t)\Delta t^2 \quad (2.46)$$

$$v_i(t+\Delta t) = v_i(t) + \lambda f_i(t)\Delta t \quad (2.47)$$

$$f_i(t+\Delta t) = f_i[r(t+\Delta t), v(t+\Delta t)] \quad (2.48)$$

$$v_i(t+\Delta t) = v_i(t) + \frac{1}{2}[f_i(t) + f_i(t+\Delta t)]\Delta t \quad (2.49)$$

上式中，λ 值通常设为 $\lambda = 1/2$，λ 的大小与模拟选取的积分步长 Δt 相关，经测试，当 $\lambda = 1/2$ 时，Δt 应小于或等于 0.04τ。因此，计算的速度与温度应满足如下关系：

$$k_B T = \langle v^2 \rangle / 3 \quad (2.50)$$

在 DPD 算法中，随机力 F_{ij}^R 与耗散力 F_{ij}^D 在 DPD 算法中总是成对出现的。在独立的绝热系统中，DPD 模拟方法可以快速地达到热力学平衡，且系统内全局动量是守恒的。

2.2.2　系统模型

在本节的研究中，连续 – 粒子耦合算法重叠区域的划分如第 1 章中图 1.2 所示，包含 C → P 区、P → C 区和缓冲区域。模拟区域的设置如图 2.12 所示，由连续区域、粒子区域以及两个区域的重叠区域组成。C → P 区在 y 方向上只有一层，但是在 x 方向上可以划分为不同尺寸的网格。

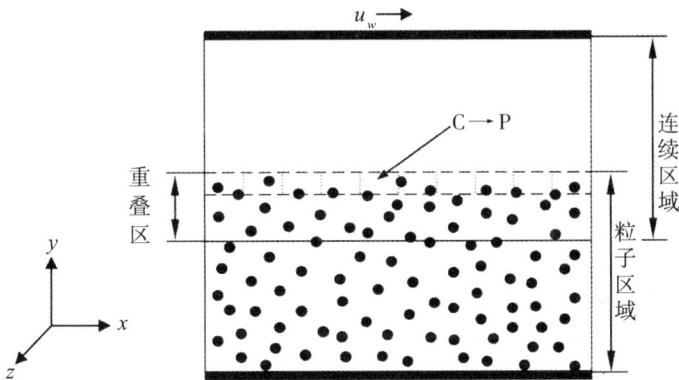

图 2.12　模拟区域示意图

模拟区域的尺寸为 $L_x = 13$ 、$L_y = 46$ ，粒子区域采用三维模拟，x 方向和 z 方向采用周期性边界条件。粒子区域（包括边壁）的尺寸为 $L_x^P = 13$ 、$L_y^P = 24$ 、$L_z^P = 13$ 。流道下壁保持静止，上壁以速度 u_w 沿 x 轴正方向运动。管壁粒子按照 FCC（Face Center Cubic）晶格的（001）层组成，上、下管壁各 2 层粒子，总体管壁粒子数为 598。为了实现下管壁附近粒子的非滑移运动，将下管壁粒子固定在初始的 FCC 晶格点上。体系内流体粒子数为

5 831。由于 DPD 模拟采用软排除势能，为了避免粒子超出下边界，本书在第一层管壁粒子所在的平面上施加了反弹边界条件[143]。

流体粒子间的势能参数为 $a_f = 25$；流体粒子与管壁粒子间的势能参数为 $a_{fw} = 3.24$，$\gamma_{fw} = 4.5$。两种情况下截断半径均为 $r_c = 1$。模拟时间步长为 0.22τ，每次模拟进行 30 次 Schwarz 交替迭代，在每一次 Schwarz 交替算法中，进行 20 万步 DPD 模拟，并在 3 万次模拟后进行粒子信息采样。

2.2.3　C → P 区域网格大小及剪切率对流体流动特性的影响

本节的研究将 C → P 区域划分为不同尺寸的网格，并分析讨论网格大小对流体流动特性的影响。如图 2.13（a）和（b）所示，每个网格尺寸分别为 $(L_x^P, L_y^P / 20, L_z^P)$ 和 $(L_x^P / 20, L_y^P / 40, L_z^P)$，上壁移动速度为 $u_w = 2\sigma / \tau$ 情况下流体粒子的密度曲线。从图中可以看出，两种情况下的粒子密度曲线在 C → P 区域附近并没有太大差异，但是网格划分越细密，粒子密度曲线在 C → P 区域附近的波动越小。虽然本书在模拟中采用了约束力的方法，但是仍会有一些粒子超出边界，不过这只是极少的一部分粒子，不会对整个区域的粒子密度分布造成影响。若采用分子动力学模拟方法，采用相同的网格尺寸 $(L_x^P / 20, L_y^P / 40, L_z^P)$，模拟区域的大小在各自单位系统下数值相同，且与 DPD 方法每个网格中的平均粒子数一致（粒子数约为 11），流体粒子的密度分布如上一小节中图 2.11 所示，可见在网格中平均粒子数相同的条件下，两种粒子区域的算法对 C → P 区域附近的粒子密度有影响。将图 2.13（b）与图 2.11 比较可以发现，DPD 在 C → P 区域附近的粒子密度波动范围要比分子动力学模拟方法小。这主要是由于 DPD 模拟方法中的保守力项不存在引力部分，而分子动力学模拟方法中粒子间的相互作用势能采用了 LJ 势能，该势能中的吸引势能部分将导致粒子间的相互影响增强，从而扩大密度的波动范围。

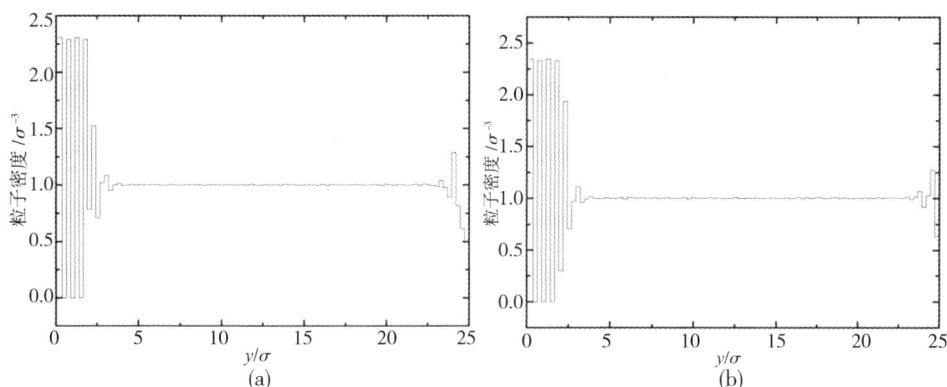

图 2.13　流体粒子密度曲线

　　此外，本节还研究了边壁移动速度对粒子热运动的影响。本节针对流道上壁的移动速度为 $u_w = 2\sigma/\tau$、$u_w = 4\sigma/\tau$ 和 $u_w = 10\sigma/\tau$ 的三种情况进行了模拟，针对这三种情况中的每一种情况，又将 $C \to P$ 区域划分为不同尺寸的网格 $(L_x^P, L_y^P/20, L_z^P)$、$(L_x^P/20, L_y^P/20, L_z^P)$ 和 $(L_x^P/20, L_y^P/40, L_z^P)$ 进行模拟，图 2.14 为不同边壁移动速度情况下粒子的速度曲线，(m,n,l) 表示每个网格尺寸为 $(L_x^P/m, L_y^P/n, L_z^P/l)$；图 2.14（a）、（b）和（c）的上边壁移动速度分别为 $u_w = 2\sigma/\tau$、$u_w = 4\sigma/\tau$ 和 $u_w = 10\sigma/\tau$，由于连续区域部分的速度曲线只是一条直线，因而在这里没有画出连续区域部分的速度曲线。从图中可以看出，在粒子区域，粒子的平均速度曲线在不同网格划分情况下变化并不明显。在边壁速度 u_w 不变的情况下，随着网格尺寸的减小，速度曲线中间重叠区域到 $C \to P$ 区域的部分有向下弯折的趋势。出现这样的情况主要是受网格中平均粒子数的影响，因为网格尺寸越小，网格内的平均粒子数就越少。采用式（2.30）约束网格中的粒子速度，虽然每个网格中的平均粒子速度都被约束到指定的数值，但是网格中的粒子数越少，对其中粒子的微观热运动的影响就越大，这一点将在下面的温度分析中进一步体现。而 $C \to P$ 区域中粒子热运动的改变，必将影响 $C \to P$ 区域之外的粒子运动形式。

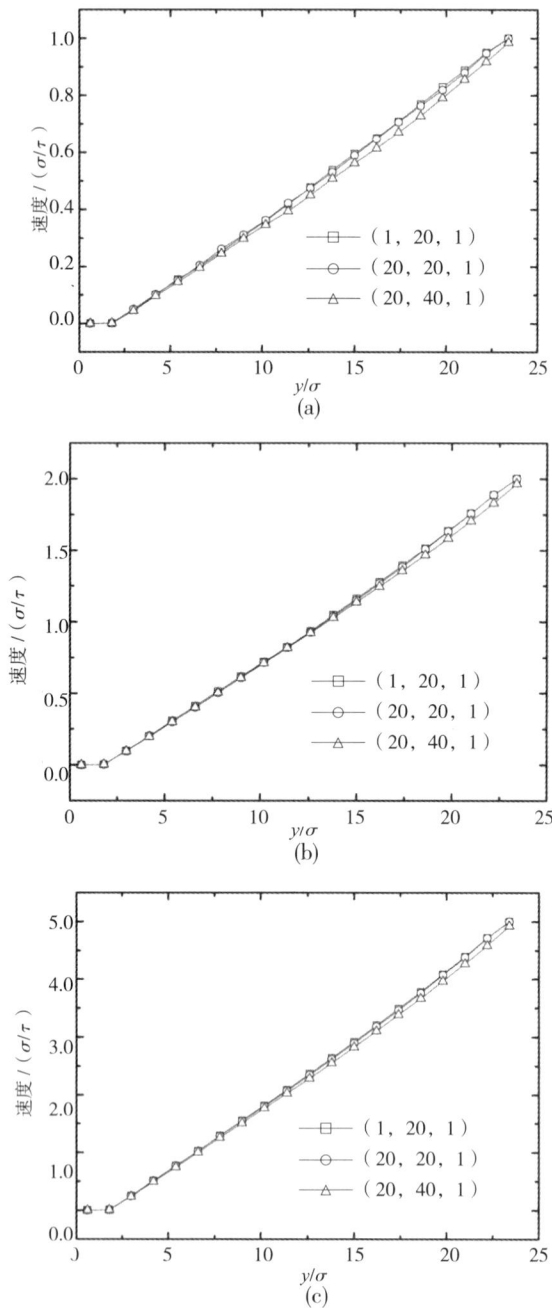

图 2.14 粒子在不同网格划分情况下的速度曲线

当上壁移动速度不同时，系统内应力也不同，如图 2.15 所示为不同剪切率条件下的应力曲线，划分网格的大小为 $(L_x^P, L_y^P / 20, L_z^P)$。与图 2.13 中的密度曲线相比，尽管粒子密度在边壁附近有较大的波动，但应力曲线在边界附近并没有明显的波动。但是，值得注意的是，在 C → P 区域及其以外的区域，应力曲线出现明显的下降趋势，而且三种不同剪切情况的应力在曲线的末端几乎都趋向了同一个点。更有趣的是，在曲线的末端，应力甚至出现了负值。这主要是由于在 C → P 区域内的粒子的平均速度被约束到了一个恒定值，导致 C → P 区域内粒子的剪切率明显下降，而在区域以外的粒子，离 C → P 区域越远，x 方向的速度越小，因此出现了应力为负值的情况。

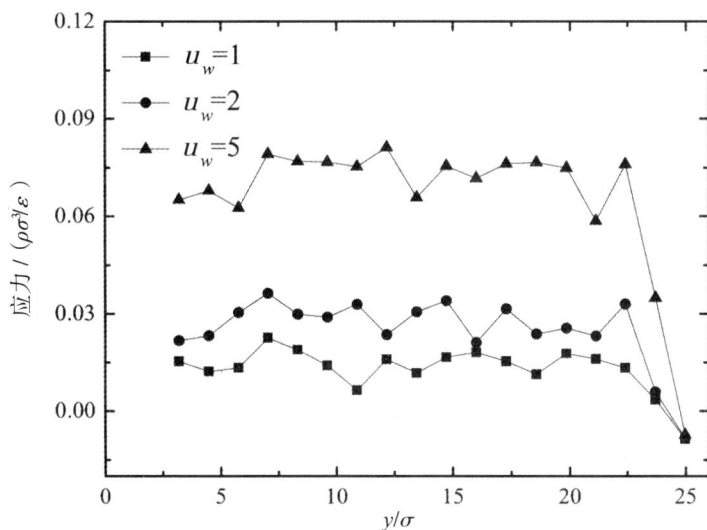

图 2.15　应力曲线

由于 DPD 算法中包含耗散力和随机力，使其适用范围仅限于等温系统的模拟。为了使 DPD 算法能够进行非等温系统的模拟，一些研究者对传统的 DPD 算法进行了修改 [143]，该算法被称为 DPDE（Dissipative Particle Dynamics Model with Energy Conversation），DPDE 方法需要引入一个与粒子温度相关的物理量方程来控制模拟过程中粒子温度的变化。因此，该算法在实现的方式上并不那么直观，而且尚存在一些问题有待解决。本书采用的是未加修改的 DPD 算法，原则上讲，整个模拟区域不会出现太大的温度波动。但是，从图 2.16 中可以看出，当上壁速度为 $u_w = 2\sigma / \tau$ 时，在 C → P 区域附近，温度曲线在 $(L_x^P / 20, L_y^P / 20, L_z^P)$ 和 $(L_x^P / 20, L_y^P / 40, L_z^P)$ 两种情况下出现了明显的波动。这两种情况下的最大波动幅度分别为 21% 和 30%，而且都发生在 C → P 区域内，同时对附近的流体产生了较大的影响。而当划分网格尺寸为 $(L_x^P, L_y^P / 20, L_z^P)$ 时，C → P 区域内的温度波动却非常小。因此，可以得出结论，当采用约束力方程控制 C → P 区域内粒子的速度时，网格内粒子数目越多，对 C → P 区域内的温度影响越小。正如本节上面对粒子速度的讨论，网格中的粒子数越多，约束力方程对 C → P 区域之外的速度曲线的影响也就越小。由于温度与粒子微观热运动的关系，笔者认为出现偏差主要是约束力方程对粒子微观热运动的影响造成的，而且网格内粒子数目越少，这种影响就越显著。本书对不同网格大小划分的模拟结果表明，为了保证温度在允许的范围内变化，网格内的平均粒子数不应低于 50。

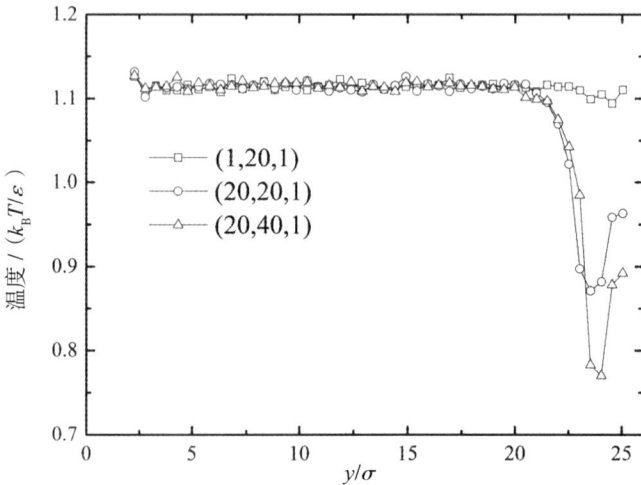

图 2.16　系统内温度曲线

虽然本节模拟的问题在 C → P 区域的每个网格中都有相同的粒子速度，但是微流动中的许多问题是比较复杂的，如表面含有纳米结构的流道[145]，流道中存在碳纳米管的流动以及移动接触线问题。这些问题在进行耦合模拟时，C → P 区域内是存在速度梯度的，这时就必须考虑其中粒子数对算法各方面的影响，因为这关系到模拟结果的准确性。本节以 Couette 流动为研究对象，只是为了更为方便、清晰地讨论问题，笔者认为上述的模拟结果对其他情况下的连续 – 耗散粒子动力学模拟也有一定的参考意义。

2.3　微纳流体振动流动的分子动力学 – 连续耦合模拟

2.3.1　系统模型

在本节的研究中，模拟区域如图 2.17 所示，实心圆圈代表边壁粒子，空心圆圈代表流体粒子。C → P 区域中粒子的速度通过约束力方程限制，Buffer 区域表示超出 C → P 层粒子所在的区域。模拟区域的整体尺寸为 $13\sigma \times 24\sigma \times 13\sigma$，流体区域的长度和高度分别为 $L_x = 13\sigma$ 和 $L_y = 11\sigma$。x 方向和 z 方向为周期性边界条件，y 方向为固定边界条件。y 方向边壁粒子由 FCC 晶格的（001）层组成，每层边壁共 4 层粒子，厚度为 2σ。系统中流体粒子数为 3 120，边壁粒子数为 408。C → P 区域中 x 方向的速度由余弦振动 $u(t) = u\cos(\varpi t)$ 表示，在模拟中，本节将 u 的大小设置为 $1\sigma / \tau$，而 ϖ 的值分别设为 $\varpi = 0.1$、$\varpi = 0.5$ 和 $\varpi = 1.0$。系统边壁温度设为 $T = 2.0\varepsilon_{LJ} / k_B$，采用 Langevin 热浴控制边壁的温度，这样可以通过流体粒子与边壁粒子的相互作用移除流体粒子产生的黏热性。模拟的时间步长为 $\Delta t = 0.005\tau$，每种情况的模拟周期数均为 600，因此模拟频率越低，模拟的时间将越长。

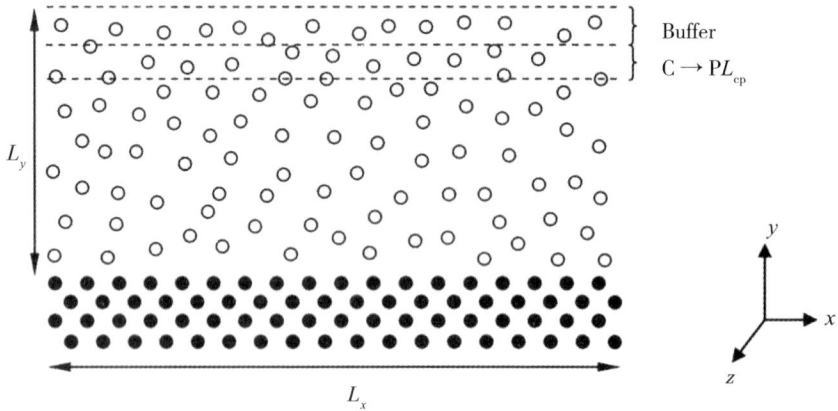

图 2.17　模拟区域设置示意图

　　为了得到模拟区域中不同位置的物理量信息，将模拟区域沿 y 方向划分成间距为 0.5σ 的格子，并且每隔 15 个时间步采集一次粒子信息。不同的物理量曲线通过对模拟周期求平均得到，即先得到每个周期内物理量在不同周期段的信息，然后将其叠加求平均。尽管在 C → P 区域的内部施加约束力方程，但是粒子依然会超出这个区域，不过超出的范围不会太远。将超出 C → P 区域上边界的粒子所在的区域称为 Buffer 区域，在 Buffer 区域和 C → P 区域采用与边壁同样的方法控制温度。在本节的振动频率下流体将产生不可忽视的黏热性，在模拟中不像连续 – 粒子耦合算法那样对连续区域进行求解，而是直接将连续区域的速度作为余弦信号强加在粒子区域的边界上。不同位置的振幅和剪切率不同，导致区域内黏性热的不均匀分布，进而使不同位置的温度也不同。温度将对流体的传输系数产生影响，无法给出 NS 方程中传输系数在不同位置的初始值。在本节的研究中，将就不同的振动频率进行模拟，主要研究不同频率下的振动对速度、密度和应力的影响，并对应力进行傅里叶分析检查，研究在本节选取的频率下流体是否表现出线性黏弹性的影响。

2.3.2 振动频率对流体流动特性的影响

在本节中，将分别对 $\varpi = 0.1$ 、 $\varpi = 0.5$ 和 $\varpi = 1.0$ 三种情况进行模拟计算。由于在这三种情况下的粒子密度曲线并没有太大差别，这里仅给出 $\varpi = 0.1$ 时的粒子密度曲线，如图 2.18 所示。

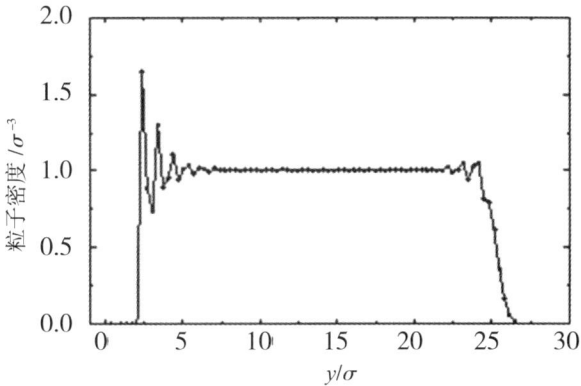

图 2.18　C → P 区域内粒子的密度曲线

从图 2.18 中可以看出，边界层引起了附近粒子的分层分布（排除厚度为 2σ 的边界层粒子），中心区域 $7.5\sigma < y < 21\sigma$ 的粒子分布比较稳定，在图中采用区域中心的粒子密度对整个曲线进行了标定。在模拟中，设置 y 坐标的上限为 24σ，但是在边界处采用了恒定的约束力方程，导致一小部分粒子超出边界，由图 2.18 可知，超出边界部分的粒子，其密度将很快下降为 0。另外，值得注意的是，在 C → P 区域内粒子的密度出现了一些微小波动，产生这种情况的原因主要包括两个方面。①连续 - 粒子耦合算法本身的原因：由于耦合算法会对粒子速度的分布产生直接的影响，这将间接影响粒子的密度分布；②边界力模型中只存在避免粒子出界的排斥力部分，而没有吸引力部分。在 Kotsalis 等人的研究中，在边界力模型中考虑了吸引力部分，通过模拟表明该约束力模型可以有效地限制边界附近的虚假密度波动。边界附近密度的变化同样会引起传输系数的变化，这也是 NS 方程失效的一个重要原因，

还有一个关键的原因是边界处的速度滑移。在本书的振动流模拟中，由于在到达边界附近时，振动速度已经出现明显的衰减，特别是在振动频率比较高的时候，边界附近的剪切率不是很大，因此不会出现速度滑移。Thompson和Troian[145]研究了滑移长度与剪切率的关系，研究结果表明，当剪切率达到临界值时，滑移长度会出现非线性变化并且迅速发散，关于聚合物的相关实验研究也证明了这个结论的正确性[147]。

另外，本节对振动过程中的应力进行了周期平均，如图 2.19 所示。正如前面提到的模拟方法，将 C → P 区域沿 y 方向划分成间距为 0.5σ 的格子，这里取第 40 个格子，即 y 坐标为 20 附近的区域内的粒子作为研究对象。

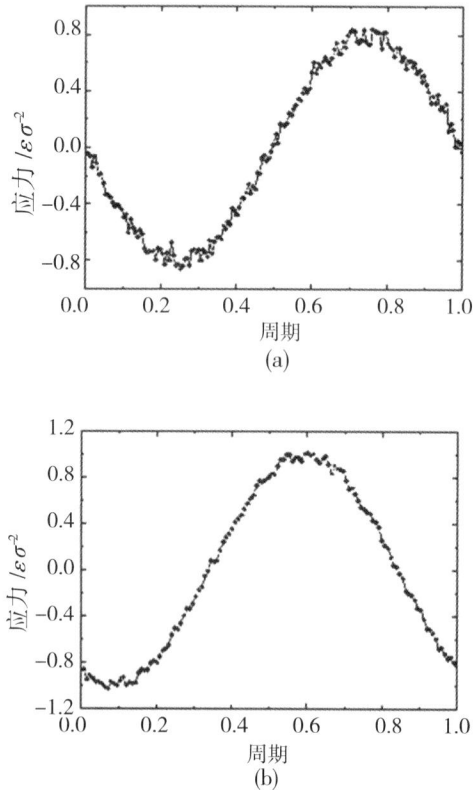

(a)

(b)

图 2.19 在振动周期内的平均应力曲线

图 2.19（a）和（b）分别对应于 $\varpi = 0.5$ 和 $\varpi = 1.0$ 的应力曲线，对应的周期分别为 4π 和 2π，在图 2.19 中将周期进行了归一化。从图中看出，除了相位上存在差异外，应力响应曲线与振动具有同样的振动规律。此外，可以看出 $\varpi = 0.5$ 要比 $\varpi = 1.0$ 的应力曲线更粗糙，其主要原因是没有足够的周期数，而且 $\varpi = 0.5$ 在一个周期内的采用点数也要比 $\varpi = 1.0$ 的情况多。但是，现有的周期数对于目前的研究来讲已经足够了，因为需要的是应力响应曲线的变化趋势。

为了更精确地了解应力曲线随振动的响应规律，笔者对 $\varpi = 1.0$ 的情况进行了快速傅里叶变换（Fast Fourier Transform，FFT）[147]，如图 2.20 所示，图 2.20（a）和（b）分别为傅里叶变换的实部和虚部。从图中可以看出，无论是快速傅里叶变化的实部还是虚部，在振动频率为 $\varpi = 1.0$ 时（其振动频率为 $1/2\pi \approx 0.159$），都显示出比其他频率大得多的响应幅值。由此可以断定，当振动频率低于 $\varpi = 1.0$ 时，会有同样的结果，所以这里仅给出了 $\varpi = 1.0$ 时的平均应力的快速傅里叶变换。这表明在本书所研究的频率范围内，流体具有良好的线性黏弹性行为。在 Khare 等人的研究中，对振动频率为 $\varpi = 0.4$ 时的边壁剪切应力进行了傅里叶变换，结果在振动频率处显示出比其他频率大得多的响应幅值。而本书的模拟结果进一步显示了在 $0.4 < \varpi < 1.0$ 时，流体依然表现出线性黏弹性行为。

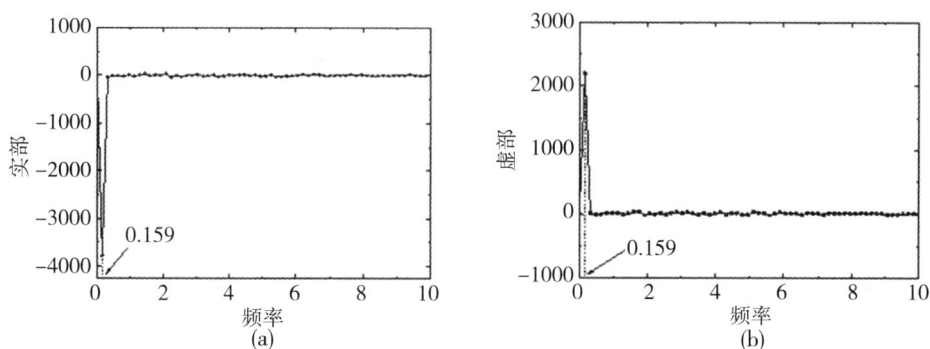

图 2.20　频率为 ϖ=1.0 时的快速傅里叶变换

　　如图 2.21 所示为三种不同频率 $\varpi = 0.1$ 、 $\varpi = 0.5$ 和 $\varpi = 1.0$ 情况下的不同周期段的速度曲线。由于统计数据时没有按照余弦相位为零的条件处理，因此周期起始（ $0 \sim T/10$ ）位置的速度并不处于最大值，但这并不影响本书对问题的讨论。从图 2.21 中的三种情况可以看到，振动的频率越高，边界附近速度的变化越小，即振动越弱。当 $\varpi = 0.1$ 时，由于振动频率比较低，整个区域中的流体粒子都随 C → P 区域中的粒子振动，但是速度曲线并非直线，这主要是粒子运动的黏性和惯性引起的。与 $\varpi = 1.0$ 的情况相比，振动主要发生在 y 轴坐标大于 15σ 的区域。值得注意的是， y 轴坐标小于 15σ 的区域几乎不发生振动，排除边界层粒子的厚度，这个区域的厚度大约为 13σ 。产生这一现象的主要原因是振动的频率比较高，远离 C → P 区域中的粒子根本来不及对其做出响应。这使频率越大，振动发生的区域越小。由此可以断定频率越高，流体的黏性热产生的区域越向"振源"附近的区域集中。在更高的频率下可能会导致振源附近产生大量的热，而这些又无法通过周围的流体向边壁迅速地传导出去，这将会引起流体的相变。

　　对于简单流体（牛顿流体和满足 Fourier 定律的流体）而言，NS 方程成立的条件是应力与应变率之间、热通量与温度梯度之间满足线性关系。但是，在振动流动中黏性热的产生必将引起区域中温度的变化，除非流体具有无限大的热导率，可以将产生的黏性热传递到周围的媒介。R. Khare 等人[148]对平板间剪切的模拟研究结果表明，平板间的温度分布是一条近似的抛物曲线。温度的改变将对流体的传输系数产生影响（主要是黏度和热传导系数），因此使用 NS 方程通过事先假定的本构关系描述流动边界附近的振动流动已经变得无效。由于黏性热对温度的影响使频率越高，传输系数在 C → P 区域附近和边壁区域附近的差异就越大。

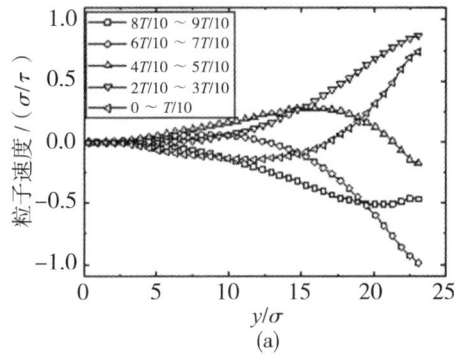

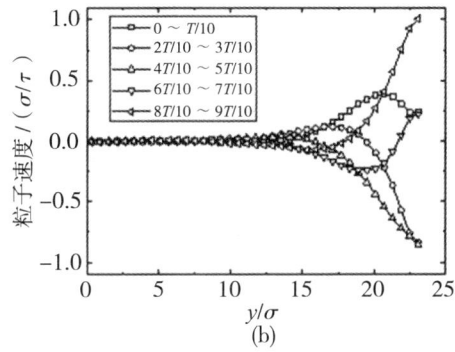

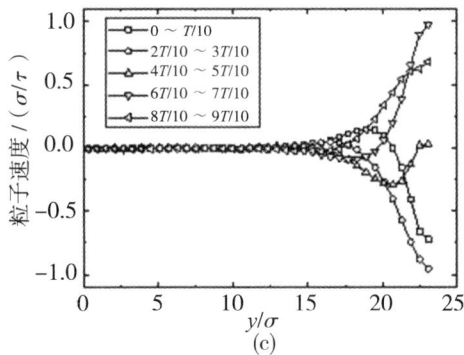

图 2.21 x 方向的粒子速度曲线

2.4 本章小结

本章采用了连续－粒子耦合算法多尺度模拟了微流道中的 Couette 流动问题。先采用连续－分子动力学算法分析讨论了 C → P 区域内不同的网格疏密程度对流体粒子速度及密度的影响。当系统密度为 0.81 时，网格划分越密，得出的粒子速度的分布越偏离正确解。对于粒子密度而言，这还将导致粒子数密度在 C → P 区域附近出现类似于固壁边界附近的粒子分层分布的现象，而且粒子密度由边壁附近到重叠区域附近有增高的趋势。因此，可以得出结论：在系统密度为 0.81 时，采用耦合模拟算法应保证 C → P 区域内每个网格内至少存在 50 个粒子，每个方向的平均尺度应为 7.5σ，在其他中高密度情况下，网格的平均尺度应为 $7.5(\rho^* / \rho)^{1/3}$。

此外，本章采用连续－耗散粒子动力学方法模拟稳态流动问题，应用 Schwarz 交替方法对模拟区域进行空间解耦。计算模拟的结果表明，只要 C → P 区域网格内包含足够多的粒子数，则耦合算法可以有效地描述介观管道中的流动。由于耗散粒子动力学和分子动力学在作用势能上存在一定差异，耦合算法模拟的结果也是不同的。分子动力学的模拟结果表明，耗散粒子动力学在 C → P 区域附近的密度波动范围要比分子动力学小，其主要原因是耗散粒子动力学中的保守力项不存在吸引力部分。本章还对不同剪切率的情况进行了模拟，结果显示，耦合算法可以得到正确的速度和应力曲线。研究发现，网格划分与分子动力学的算法类似，为了保证温度在允许的范围内波动，网格内的平均粒子数不应低于 50。当网格中的粒子数比较少时，不仅温度曲线，速度曲线也会出现一定的偏差。由于温度与粒子微观热运动的关系，本书认为出现偏差是约束力方程对粒子微观热运动的影响造成的，而且网格内的粒子数越少，这种影响就越显著。

最后，本章采用连续－分子动力学方法模拟了由振动引起的管壁附近的流体性质变化。在模拟中，本章没有采用非平衡分子动力学处理振动问题的边界，而是直接将连续－粒子耦合算法中的约束动力学方法应用到边界上。本章模拟了在三种振动频率 $\varpi = 0.1$、$\varpi = 0.5$ 和 $\varpi = 1.0$ 情况下，边界附近的流体性质，主要研究分析了不同频率下的振动对粒子速度、密度和应力的影响。在模拟中，取管壁附近的流体区域作为研究对象，在区域 y 方向的一端考虑实际的边壁影响；而在相反的一端采用连续－粒子耦合算法中的约束动力学方法，将余弦信号强加在粒子区域的边界上。模拟结果表明：在振动幅值不变的条件下，随着振动频率的增大，固体边界附近粒子对振动的响应迅速衰减，特别是在振动频率为 $\varpi = 1.0$ 的情况下，边界附近有厚度为 13σ 的区域没有明显的振动。而当振动频率为 $\varpi = 0.1$ 时，整个区域都有明显的振动发生。粒子密度曲线在固体边界附近表现出明显的振荡，在施加约束的一端有微小的振荡，并且迅速衰减为零。另外，对剪切应力的傅里叶分析表明，应力的响应频率与振动频率相符，说明在本章给定的条件下，流体显示出良好的线性黏弹性行为。

第 3 章　聚合物刷纳米通道的多尺度模拟

本章将采用分子动力学方法研究柱状流道表面接枝聚合物电解质刷，分析研究有外力和无外力作用的情况下聚合物电解质刷的构象变化。而后，研究中性瓶型聚合物刷在不同接枝密度和侧链长度条件下的相行为及系统内粒子的分布情况。此外，本章将采用分层多尺度方法，在微观尺度下采用分子动力学方法计算流道内靠近壁面的滑移速度，并将滑移长度应用到介观尺度计算，分析不同剪切率和聚合物刷接枝数量对流体流动的影响。

3.1 聚合物电解质刷对纳米通道的影响

3.1.1 系统模型

本节采用粗粒化分子动力学模拟方法研究聚合物电解质刷对纳米通道的影响。在粗粒化模型中，将每个聚合物分子粗粒化成珠簧链，链上每个珠子代表了高分子链上与持久长度相当的统计链段。考虑到聚合物分子量大、相变特征时间长等特点，粗粒化珠簧模型已经被广泛应用于聚合物刷的研究[150,151]。聚合物电解质刷链长为 $N=12$，末端单体随机接枝在半径为 $R=10\sigma$ 的柱状纳米通道内壁上。计算模型中采用显式溶剂粒子，在系统中添加了反离子和水分子。纳米通道壁粒子排列紧密，以防止流动的粒子飞出纳米通道外部。本节将主要研究两种情况下聚合物电解质刷对纳米通道的影响，即在流体粒子上施加和不施加外力两种情况。图 3.1 为施加外力条件下纳米管道内聚合物电解质刷的快照，其中聚合物链状粒子为单体粒子，离散粒子为反离子，为了表达清晰，水分子在图中没有体现，图 3.1（a）和（b）中聚合物电解质刷的接枝密度分别为 $\rho_g\sigma^2=0.03$ 和 $\rho_g\sigma^2=0.04$。系统内壁粒子与聚合物单体粒子、反离子和水分子都采用统一尺寸的粒子表示，虽然在实际化学结构中，上述不同类别粒子的尺寸存在一定差异，但是在粗粒化模型中误差可以忽略不计。在类似的模拟研究中，如平板表面、柱状流道内部或外部接枝聚合物的模拟计算，都采用粗粒化珠簧模型[152-155]，并且模拟结果与实验拟合良好。

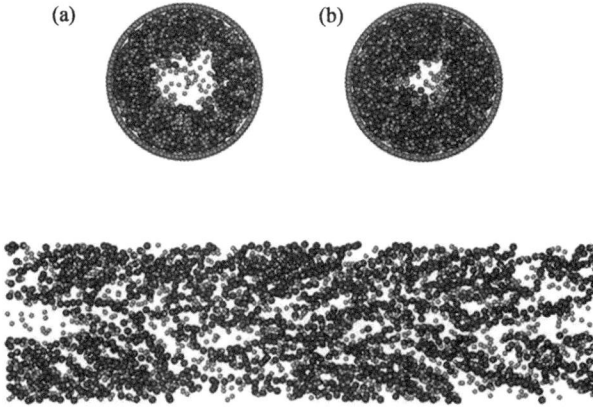

图 3.1　有外力施加条件下纳米通道内聚合物电解质刷的构象图

任意粒子对间采用短程 LJ 势能模拟，截断半径为 $r_c = 2^{1/6}\sigma$。聚合物电解质链上相邻单体间采用非线性弹簧势能（Finite Extensible Nonlinear Elasticity，简称 FENE 势能）：

$$U_{\mathrm{FENE}}(r) = -(kR_0^2 / 2)\ln(1 - r^2 / R_0^2) \tag{3.1}$$

式中：k 和 R_0 分别表示最大键长和弹性系数，取值为 $k = 30\varepsilon_{\mathrm{LJ}} / \sigma^2$ 和 $R_0 = 1.5\sigma$。同时使用 LJ 势能和 FENE 势能可以有效避免成键粒子对间的相互穿插。聚合物电解质链的弯曲刚度通过键角势能表示：

$$U_{\mathrm{angle}}(\theta) = k_\theta(\theta - \theta_0)^2 \tag{3.2}$$

式中：k_θ 表示刚性常数，θ 和 θ_0 分别表示键角和平衡键角，在本节的模拟中，将刚性参数和平衡键角分别设置为 $k_\theta = 300\varepsilon_{\mathrm{LJ}} / \mathrm{rad}^2$ 和 $\theta_0 = 180°$。带电粒子间的相互作用可以通过长程库仑势能表示：

$$U_{\mathrm{coul}}(r) = k_{\mathrm{B}}TZ_iZ_j\frac{\lambda_{\mathrm{B}}}{r_{ij}} \tag{3.3}$$

式中：Z_i 和 Z_j 表示相互作用的两个带电粒子的化合价，λ_B 为 Bjerrum 长度，$\lambda_B = e^2 / (4\pi\varepsilon_0\varepsilon_r k_B T)$，表示在这一距离下，两个基元电荷间的静电相互作用大小和热力学能 $k_B T$ 的量级相当。ε_0 和 ε_r 分别表示真空介电常数和溶剂介电常数。室温条件下，水的 Bjerrum 长度 λ_B 为 0.71 nm。

带电粒子间的作用势能为长程力，在计算过程中需要耗费大量的计算时间来模拟静电作用，因此需引入特殊算法来计算带电粒子间的库仑作用。在本书的计算中，将采用粒子 – 粒子（Particle-Particle）/ 粒子 – 网格（Particle-Mesh）算法（简称 PPPM 算法）进行模拟。该算法是由 Hockney[155] 和 Eastwood[156] 提出，以 Ewald 加和方法为基础，将静电作用分为两个部分，即实体空间的加和部分和傅里叶空间加和部分：

$$U_i = \sum_{j<i} U_{ij}^{\text{direct}} + U_i^{\text{mesh}} \tag{3.4}$$

式中：U_{ij}^{direct} 是收敛较快的短程作用，而 U_i^{mesh} 是收敛较慢的长程作用。U_{ij}^{direct} 采用粒子 – 粒子相互作用直接计算：

$$U_{ij}^{\text{direct}}(r_{ij}) = \begin{cases} e_i e_j \left(\dfrac{1-U^c(r_{ij})}{4\pi\varepsilon|r_{ij}|} \right) & r_{ij} \leqslant r_c \\ 0 & r_{ij} > r_c \end{cases} \tag{3.5}$$

式中：$U^c(r_{ij})$ 是补偿已包含在长程势能中的修正项。U_{ij}^{direct} 采用傅里叶空间变换方法，首先将电荷密度分布弥散到规则点上，然后在格点上求解 Poisson 方程，进而得到电荷密度分布之间的静电能和受力情况：

$$U_i^{\text{mesh}} = e_i \sum_k H(R_i - R_k)\phi(R_k) - U^{\text{self}} \tag{3.6}$$

式中：H 为带电粒子出现在栅格点 R 的权重，$\phi(R)$ 为在栅格点 R 的静电能，U^{self} 为修正项。但是，传统的 PPPM 算法适用于求解三个方向均为周期性边界条件的体系，当某一方向为固定边界条件或有限定尺寸时，则需要对 PPPM 算法进行改进。Yeh 和 Berkowitz 等人针对这一问题提出一种修正算法，即沿非周期方向插入高度为 nL 的空体积区域。在本书的模拟中，本节采用这一修正方法，在非周期方向取 $n = 3$。

在模拟中，本节采用 Langevin 温控方法来控制系统温度保持在 $T = 1.2\varepsilon_{LJ} / k_B$。粒子的运动方程采用 Velocity–Verlet 方法求解，单位时间步长设为 $\Delta t = 0.005\tau$，初始运行 2×10^5 时间步以确保系统处于平衡状态，而后运行 1×10^5 时间步进行数据的取样分析。

3.1.2 无外力施加条件下系统内各组分粒子分布情况

本节共研究了 7 种（$0.01 \leqslant \rho_g\sigma^2 \leqslant 0.07$）不同接枝密度情况下，聚合物电解质刷对纳米通道的影响。通过观察系统构象可以发现，在这 7 种接枝密度条件下，聚合物电解质刷均为"蘑菇状"构象。在无外力施加条件下，柱状纳米管道内不同接枝密度的聚合物电解质刷的单体密度分布如图 3.2 所示，横坐标原点为纳米通道圆心的位置。

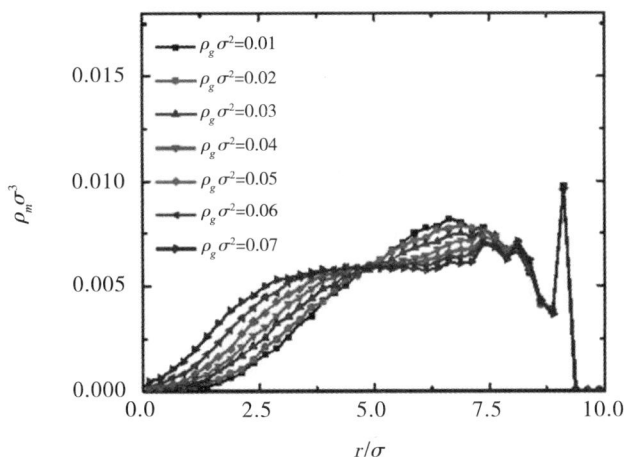

图 3.2　纳米通道内聚合物电解质单体密度径向分布曲线

从图 3.2 可以看出，在靠近壁面处位置（ $7.5\sigma \leqslant r \leqslant 10\sigma$ ），聚合物单体分布波动较大，但不同接枝密度的聚合物电解质刷单体分布差异很小。在这一区域，系统内各粒子间的相互作用较为复杂，壁粒子与靠近壁面的聚合物单体间存在斥力作用，不同聚合物刷接枝点处的单体间也存在斥力作用，因而反粒子和水分子可以渗透进入壁面附近聚合物刷层内部，由于聚合物电解质刷单体与反粒子带有相反电荷，这两种粒子间存在库仑引力。由此可见，聚合物单体的密度分布与系统内反粒子和水分子的分布情况密切相关。接枝密度较小的聚合物单体密度曲线在 $5.0\sigma \leqslant r \leqslant 7.5\sigma$ 的位置经历了一次波峰，而接枝密度较大的情况，聚合物单体密度曲线在 $2.5\sigma \leqslant r \leqslant 5.0\sigma$ 位置处出现波峰。不难看出，随着聚合物电解质刷接枝密度的增加，聚合物刷末端单体更多出现在纳米通道的中心位置，这说明聚合物电解质刷在较大接枝密度条件下呈伸展状态，接枝密度较小时，易呈塌缩状态。这是由于随着接枝密度增加，聚合物电解质刷单体数量增加，单体间的 LJ 斥力作用和排除体积效应增加，使得聚合物电解质刷更为伸展，这在接枝密度较高时体现得尤为明显。

为了进一步解释纳米通道中聚合物电解质刷单体的密度分布情况，本书统计了系统中反粒子的密度分布情况，如图 3.3 所示。从图中可以看出，在靠近壁面附近，与聚合物电解质刷接枝点相邻的位置 $r \approx 8.75\sigma$ ，反粒子的密度分布曲线出现峰值，这主要是由于聚合物电解质刷单体与反粒子之间存在静电吸引作用，而接枝点处单体由于受到壁粒子的排斥力作用，在壁面附近的伸展较为明显，因而有空间使大量的反粒子渗透到刷层当中，这与之前聚合物单体密度分布规律的分析刚好吻合。而后，在 $5.0\sigma \leqslant r \leqslant 8.3\sigma$ 区间内，反粒子密度分布曲线较为平缓，波动不大，在 $r \leqslant 5.0\sigma$ 区域内，靠近纳米通道中心处位置，反粒子的分布逐渐减少。值得注意的是，随着聚合物电解质刷接枝密度的增加，在 $r \approx 8.2\sigma$ 位置附近，反粒子密度分布的峰值逐渐减小，而在靠近纳米通道中心位置处，反粒子密度分布逐渐增多，这与聚合物电解质刷单体刚好相反。这说明虽然聚合物单体通过静电作用吸引反粒子进入刷层内部，但是仍有部分反粒子游移在刷层外部，聚集在纳米通道中心位置。

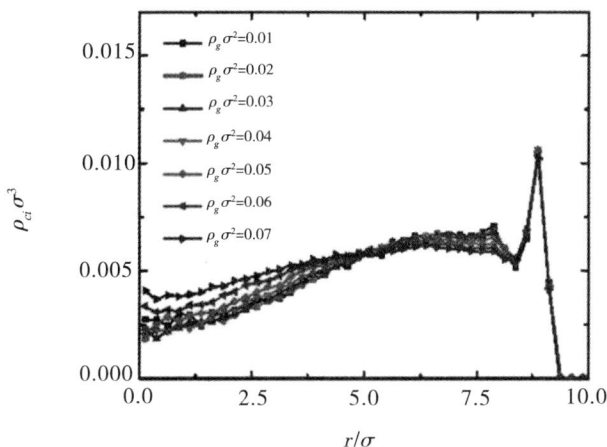

图 3.3　纳米通道内反粒子密度径向分布曲线

　　系统中溶剂粒子，即水分子的密度分布曲线如图 3.4 所示。在纳米通道中心位置分布着大量的水分子，且聚合物电解质刷接枝密度越高，中心位置分布的水分子越多，这说明在刷层内部分布的水分子越少。这是由于在接枝密度较高的情况下，聚合物电解质刷单体分布较为紧密，溶剂粒子进入刷层内部存在一定困难。在 $3.75\sigma \leqslant r \leqslant 7.5\sigma$ 区域内，是聚合物电解质刷单体主要分布的区域，水分子密度曲线较为平缓。这与系统内反粒子的分布类似，在靠近流道壁面附近的位置 $r \approx 8.75\sigma$ 处，水分子密度分布曲线出现峰值，其主要原因在于聚合物电解质刷单体间的斥力作用、壁面粒子对单体的排斥以及粒子间排除体积效应，使壁面附近单体粒子间存在一定空隙，从而反粒子和水分子集中分布在靠近壁面的位置。

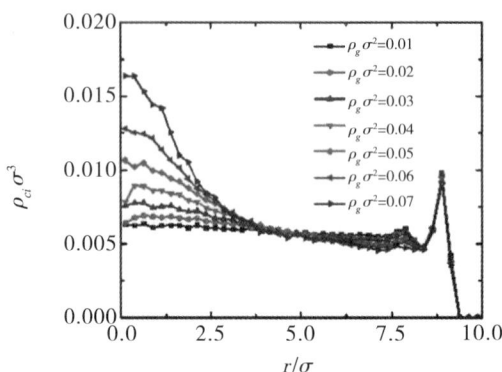

图 3.4　纳米通道内水分子密度径向分布曲线

　　为了更好地分析纳米通道中各组分粒子的分布情况，将纳米通道分为三个区域：Ⅰ.靠近纳米通道轴线中心的区域 $0 \leq r \leq 2.5\sigma$；Ⅱ.夹在区域Ⅰ和纳米通道壁面附近区域中间的柱状区域 $2.5\sigma \leq r \leq 7.5\sigma$；Ⅲ.靠近纳米通道壁附近的区域 $7.5\sigma \leq r \leq 10\sigma$。根据聚合物电解质刷单体粒子、反粒子和水分子的密度分布曲线统计，以聚合物接枝密度 $\rho_g\sigma^2 = 0.07$ 为例，各组分粒子在不同区域所占的百分比如表 3.1 所示。从表中可以看出，这三种类型粒子在区域Ⅱ和区域Ⅲ的分布极为相似，所占比例极为接近。在这两个区域内，由于系统内熵损失，大部分水分子和反粒子被限制在聚合物电解质刷层中。在纳米通道中心位置，水分子的密度分布随聚合物刷接枝密度的增加而增加，这表明聚合物单体粒子、反粒子和水分子之间的排除体积效应起到了重要作用。当接枝密度增加时，聚合物电解质刷末端单体进一步靠近纳米流道的中心位置，伸展状态极为明显，这与水分子的分布密切相关。

表 3.1　聚合物电解质刷接枝密度为 $\rho_g\sigma^2 = 0.07$ 时，各组分粒子在各区域分布比例

粒子类型	Ⅰ	Ⅱ	Ⅲ
单体	13%	33%	32%
反粒子	22%	33%	33%

粒子类型	I	II	III
水分子	65%	34%	35%

3.1.3　有外力施加条件下系统内各组分粒子分布情况

若对系统内流体粒子施加外力，则系统内各组分的粒子分布与之前的讨论截然不同。如图 3.5 所示为有外力施加条件下，聚合物电解质刷单体的密度分布曲线。当聚合物接枝密度为 $\rho_g \sigma^2 = 0.01$，单体密度曲线在靠近壁面的位置 $r \approx 8.5\sigma$ 达到峰值，而后迅速下降，在 $r \approx 5\sigma$ 的位置降为零。当聚合物电解质刷接枝密度增加（ $\rho_g \sigma^2 > 0.01$ ），单体粒子的分布情况发生变化，其密度分布曲线在靠近纳米通道壁面附近 $r \approx 9.0\sigma$ 和 $r \approx 8.0\sigma$ 的位置分别出现峰值，且两个峰值大小差异不大。沿纳米通道中心方向，第一个峰值出现后单体密度下降迅速，而第二个峰值出现后，聚合物电解质刷单体密度下降缓慢，且单体密度下降速度随着接枝密度的增加而减缓。

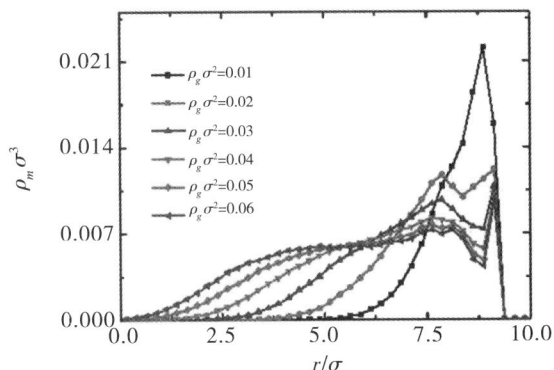

图 3.5　纳米通道内聚合物电解质刷单体密度径向分布曲线

在本章的模拟计算中，聚合物电解质刷单体处于良溶液系统中，且聚合物链为柔性链。对比图 3.5 和图 3.2 可以发现，在有外力施加的系统内，靠近纳米通道壁面附近聚合物电解质刷单体密度分布曲线的峰值要高于没有外力施加的情况，且有外力施加条件下的单体密度分布曲线更为平滑。这说明，相比于没有外力施加的情况，对系统内流体粒子施加外力使聚合物电解质链更易呈现塌缩状态。当聚合物接枝密度为 $\rho_g\sigma^2 = 0.01$ 时，大部分聚合物单体聚集在靠近纳米通道壁面，只有极少数单体分布在 $5.0\sigma \leqslant r \leqslant 7.5\sigma$ 范围内，而在纳米通道中心位置，没有聚合物单体分布，这与本书之前讨论的没有外力施加的系统极为不同。

为了深入研究在有外力施加情况下聚合物电解质刷塌缩的原因，由于反粒子、水分子对聚合物单体分布的影响极大，因而需要进一步分析系统中其他组分粒子的分布情况。图 3.6 为不同接枝密度条件下反粒子的密度分布曲线，从图中可以看出，大部分反粒子主要分布在靠近纳米通道壁面附近的位置，和聚合物电解质刷单体的密度曲线分布类似，在靠近纳米通道壁面附近位置处，反粒子的密度曲线也出现两个峰值，且在 $r = 8.75\sigma$ 处的峰值明显高于 $r = 7.7\sigma$ 处的峰值，在 $r < 7.7\sigma$ 区域内，沿纳米通道轴线方向反粒子密度分布逐渐减小，且减少趋势随聚合物电解质刷单体接枝密度的增大而减缓，在纳米通道轴线位置处，仍分布着少量的反粒子。对比图 3.6 和图 3.3 可以发现，在有外力施加的条件下，在区域Ⅰ和区域Ⅱ分布的反粒子数量明显少于没有外力施加的情况。这说明当对系统内的流体粒子施加外力时，大量的反粒子受到聚合物电解质刷单体的静电吸引作用，被限制在聚合物层内部，对流体粒子施加外力使聚合物单体和反粒子之间的相互作用增强，紧紧地吸附在纳米通道壁面，增大了流体粒子的摩擦力。

图 3.7 为有外力施加条件下，纳米通道内水分子的密度径向分布曲线。从曲线图可以看出，水分子的密度在流道中心处（ $r = 0$ ）达到最大值，当聚合物电解质刷接枝密度在 $0.01 \leqslant \rho_g\sigma^2 \leqslant 0.03$ 范围内时，水分子密度分布曲线的变化极为缓慢，而当聚合物电解质刷接枝密度为 $0.04 \leqslant \rho_g\sigma^2 \leqslant 0.06$ 时，水分子密度分布曲线则下降较快，而后在 $r = 9.0\sigma$ 附近，即在靠近纳米通道壁面的位置达到峰值。通过对比图 3.4 可知，在有外力施加的情况下，水分子的密度在纳米通道中心位置处要高于没有外力施加的情况，且

在系统没有外力施加时，在本书所研究的任何接枝密度情况下，水分子密度分布曲线在 $r \leqslant 7.5\sigma$ 区域内都极为平缓。这说明当对系统内的流体粒子施加外力时，特别是在接枝密度较高的情况下，大部分的水分子没有被束缚在聚合物电解质刷层内部，受到聚合物电解质刷单体的影响较小，主要分布在纳米通道的中心位置处。观察图 3.6 可知，大部分的反粒子被限制在聚合物层内部，而纳米通道中心处的反粒子分布较少，这与没有外力施加的情况差异很大。

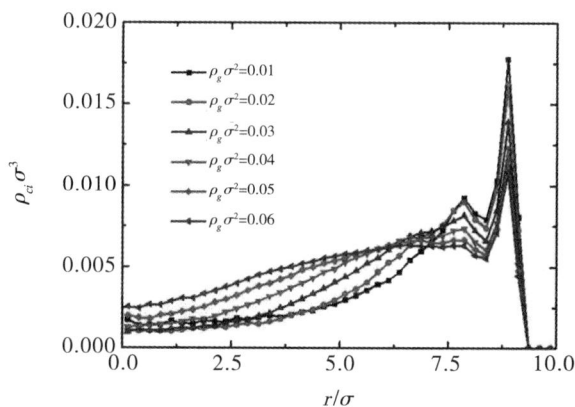

图 3.6 纳米通道内反粒子密度径向分布曲线

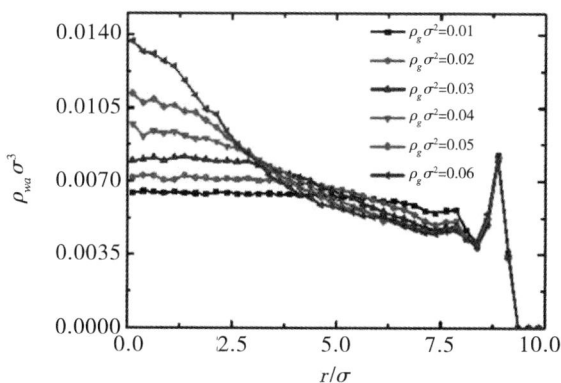

图 3.7 纳米通道内水分子密度径向分布曲线

当有外力作用于纳米通道内的流体粒子时，以纳米通道中心为原点，沿轴线方向流体粒子的速度分布如图 3.8 所示。从图中可以看到，在纳米通道中心处，流体粒子速度值最大，而后逐渐降低，在纳米通道壁面附近分布的流体粒子的速度几乎为零，且流体粒子的速度随聚合物电解质刷接枝密度的增加而降低。Adiga 等人的研究结果表明，在表面接枝有中性聚合物电解质刷的纳米通道内，流体粒子会受到来自聚合物刷的牵引力，且中性聚合物刷的塌缩程度直接影响其对于流体粒子的牵引力大小。若在纳米通道表面接枝带电聚合物，即聚合物电解质刷，则情况更为复杂。相关的实验和模拟计算研究表明，聚合物电解质刷作用于流体粒子的不仅有牵引力，还有剪切力[158]。在 Raviv 等人的研究中，高带电聚合物与流体粒子间的有效摩擦系数仅为 0.001，这主要是由于反粒子进入聚合物电解质刷层内部，导致聚合物刷层溶胀，使通道内流体粒子的水合作用降低。然而，对带电量较少的聚合物电解质刷，研究表明聚合物单体与流体粒子之间的摩擦系数要高于强聚合物电解质刷，且通过调节盐粒子浓度可以改变摩擦系数。在本节的研究中，流体粒子的流速自流道中心处沿轴线方向逐渐降低，出现这种现象的原因除了聚合物电解质刷层内部的排除体积效应，聚合物单体和反粒子对流体粒子的作用也不容忽视。当聚合物接枝密度较大时，聚合物刷的伸展程度较好，系统内流体粒子的流速也会相应增加，特别是在纳米通道轴线处，这与聚合物单体对流体粒子的牵引力和剪切力密切相关。

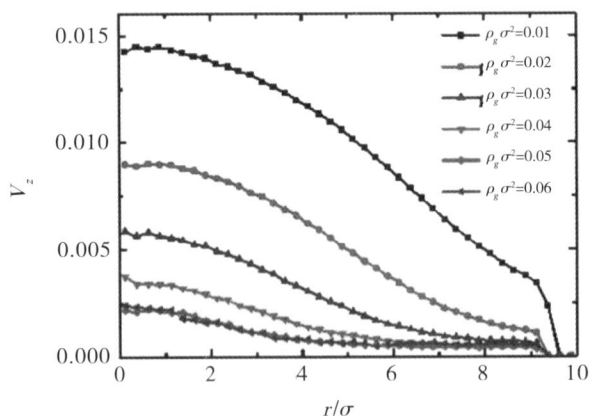

图 3.8 纳米通道内流体粒子速度径向分布曲线

为了定量地研究接枝在纳米通道内壁上聚合物电解质刷的塌缩程度，本节分别计算了有外力施加和没有外力施加条件下，不同接枝密度的聚合物电解质链的平均高度 h_m，如图 3.9 所示，其计算方法如下：

$$h_m = \left(\frac{\int_0^R (R-r)^2 \rho_m(r)\mathrm{d}r}{\int_0^R \rho_m(r)\mathrm{d}r} \right)^{1/2} \tag{3.7}$$

式中：R 为纳米通道半径；r 为聚合物电解质刷单体与纳米通道轴线处的距离；ρ_m 为聚合物单体的密度。从图中可以看出，无论在何种接枝密度情况下，在没有外力施加时，聚合物电解质刷的平均高度始终高于有外力施加的系统，且高度曲线的斜率较小。无论是否对系统内的流体粒子施加外力，由于系统内聚合物单体间的排除体积效应，聚合物电解质刷的平均高度都随接枝密度的增加而线性增加，这在 Csajka[158] 和 Seidel[159] 等人的研究中也有相同的研究结论。然而标度理论认为聚合物电解质刷的平均高度取决于渗透区域聚合物单体的密度，这一结论是基于聚合物刷层中渗透的反粒子分布均匀且没有团簇现象的假设。在相关的理论研究中，也会考虑聚合物电解质刷的非线性弹性系数[161]，得到的结论与本书相同。

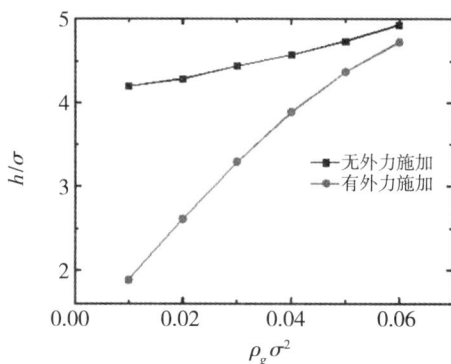

图 3.9　聚合物电解质链的平均高度随接枝密度的变化情况

当系统中的溶剂粒子（水分子和反粒子）受到外力作用时，聚合物电解质刷单体会受到溶剂粒子的牵引力。值得注意的是，如图 3.6 所示，大量的反粒子由于静电吸引作用被限制在聚合物电解质刷层内部，聚合物刷相邻单体间的键连接势能使聚合物单体的排列极为紧密[162,163]。在 Yeh 等人的反粒子团簇理论研究中，他们认为在一定条件下，一部分反粒子会分布在带有相反电荷的聚合物电解质刷单体周围，形成团簇并中和系统中部分聚合物电解质刷的电荷。在有外力作用时，溶剂粒子所受到的牵引力要远大于没有外力作用情况下的排除体积力，因此对系统内的溶剂粒子施加外力可以增加对聚合物电解质刷构象以及流体流动特性的调控范围。

3.2 中性瓶型聚合物对纳米通道的影响

3.2.1 系统模型

在本节的研究中，将瓶型中性聚合物末端单体接枝到平板纳米通道表面，如图 3.10 所示，其中绿色粒子为主链，紫色粒子为侧链。瓶型聚合物末端接枝点在平板表面的间距为 $d = \rho_g^{-1/2}$，ρ_g 为接枝密度，即单位面积上所接枝的聚合物刷数量。每条瓶型聚合物刷主链长度为 $N_m = 36$，即包含 36 个单体粒子，每间隔 3 个主链单体带有两个柔性侧链单体，侧链单体数共为 $N_{sc} = 18$。模拟盒子大小为 $N_x d \times N_y d \times L_z$，其中 N_x 和 N_y 是在 x 和 y 方向上接枝的瓶型聚合物刷的个数，取 $N_x = N_y = 5$，$L_z = 2N_m\sigma$。平行于平板的 x 和 y 方向为周期性边界条件，z 方向为固定边界条件。

任意粒子对间采用 LJ 势能模拟，截断半径为 $r_c = 2^{1/6}\sigma$。聚合物链上相邻单体间通过 FENE 势能连接，最大键长为 $R_0 = 1.5\sigma$，弹性系数为 $k = 30\varepsilon_{LJ}/\sigma^2$，平均键长为 $a = 0.98\sigma$。在模拟过程中，为了防止系统内粒子飞出模拟盒子，在 z 方向模拟盒子的边界处位置设置了"虚拟墙"，采用 LJ（9–3）势能模拟：

$$U_{\text{wall}}(\Delta z) = \frac{2\pi\varepsilon_w}{3}\left[\frac{2}{15}\left(\frac{\sigma}{\Delta z}\right)^9 - \left(\frac{\sigma}{\Delta z}\right)^3\right] \qquad (3.8)$$

这一势能模型与传统的 LJ（12–6）势能有一定差异，Δz 为 z 方向上、下边界的垂直距离，ε_w 为虚拟墙的弱吸引势能参数，本书中设为 $\varepsilon_w = 0.1\varepsilon_{\text{LJ}}$。

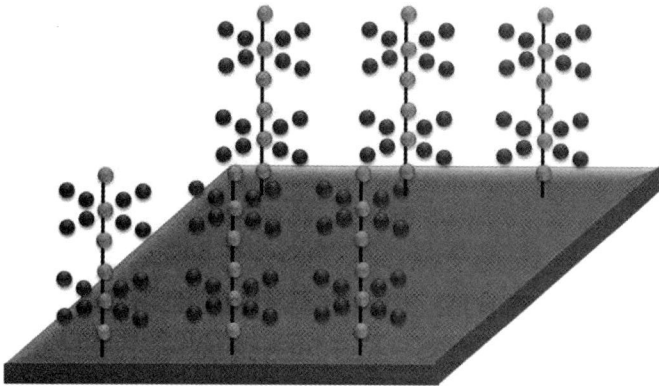

图 3.10　瓶型中性聚合物刷在平板表面接枝示意图

采用 Langevin 温控方法控制系统内的温度为 $T = 1.2\varepsilon_{\text{LJ}} / k_{\text{B}}$，阻尼率为 $\gamma = 1.0\tau^{-1}$。模拟时间步长设为 $\Delta t = 0.005\tau$，初始模拟 6×10^5 时间步以达到系统平衡，而后继续计算 1×10^6 时间步取样分析。为了得到如粒子密度、聚合物刷高度等数据的平均数值，将模拟盒子沿 z 方向分为 L_z / L_b 个小区域，每个区域层厚为 $L_b = 0.25\sigma$。

3.2.2　接枝密度对中性瓶型聚合物构象的影响

在本节中分别研究了 7 种不同接枝密度条件下（$\rho_g\sigma^2$ =0.001、0.006、0.02、0.025、0.028 5、0.036 75 和 0.045）瓶型聚合物刷的构象情况。如

图 3.11（a）和（b）所示分别为聚合物主链单体和侧链单体在不同接枝密度情况下的密度分布曲线，可见接枝密度对于聚合物单体密度分布的影响极大，特别是在接枝密度为 $\rho_g\sigma^2 = 0.001$ 和 $\rho_g\sigma^2 = 0.006$ 的情况下。在下壁面附近 $0\sigma \leqslant z \leqslant 3\sigma$，主链上单体密度曲线波动很大，波动幅度沿 z 方向逐渐减小。对于接枝密度极小（$\rho_g\sigma^2 = 0.001$ 和 $\rho_g\sigma^2 = 0.006$）的情况，主链单体密度曲线在 $z = 7.5\sigma$ 的位置出现波峰，而后快速下降为零。而对于其他接枝密度情况，主链单体密度曲线在 $3\sigma \leqslant z \leqslant 18\sigma$ 区间内极为平缓，然后单体分布逐渐减少为零。随着聚合物刷接枝密度的增大，主链末端单体逐渐向上壁面延伸，也就是说聚合物刷的伸展长度变长，这主要是由于接枝密度的增大使得聚合物单体间相互作用增强，排除体积效应增强。如图 3.11（b）所示的侧链单体密度分布中，当聚合物接枝密度 $\rho_g\sigma^2 \geqslant 0.02$ 时，单体密度在下壁面附近出现明显的波动现象，且随接枝密度的增大，聚合物侧链单体在接枝板附近的分布逐渐减少。同主链单体密度分布规律类似，侧链单体随聚合物接枝密度的增大而逐渐向上壁面伸展。对于较低接枝密度（$\rho_g\sigma^2 = 0.001$ 和 $\rho_g\sigma^2 = 0.006$）的情况，侧链单体在壁面附近的波动频率减小，但是在 $z = 8\sigma$ 附近出现较为明显的波峰，这与主链单体的密度分布情况吻合。

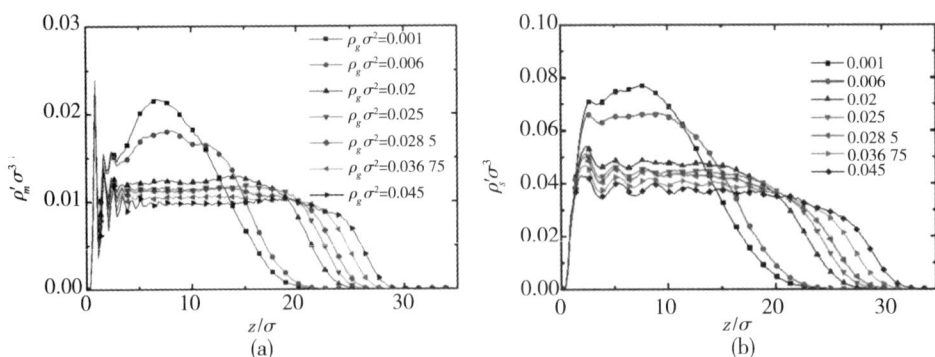

图 3.11　主链单体和侧链单体的密度分布曲线

如图 3.12 所示为不同接枝密度情况下，瓶型聚合物刷主链自由端单体的密度分布 $P(z_{end})$ 情况。从图中可以看出，当聚合物接枝密度较低时（ $\rho_g \sigma^2 = 0.001$ ），在 $z = 15\sigma$ 位置处分布的自由端单体数量最多，说明大部分聚合物链并没有完全伸展。随着聚合物接枝密度的增加，主链自由端单体分布曲线所覆盖的面积逐渐减小，并且峰值越来越向上壁（ $z = 30\sigma$ ）靠近，这说明聚合物刷自由端单体的分布更为集中，且绝大部分刷的伸展程度随接枝密度的增加而增加，这与 Cao 等人的研究结论相符。

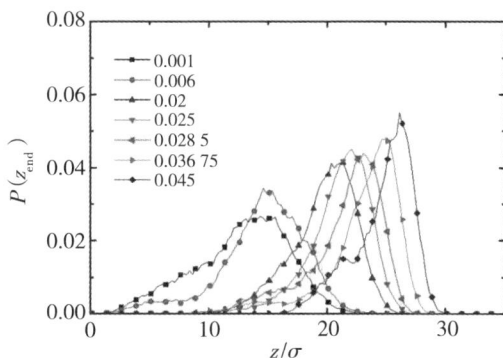

图 3.12　不同接枝密度情况下，瓶型聚合物自由端单体密度分布曲线

但是，聚合物刷自由端单体的密度分布曲线只能定性地表征聚合物刷的伸展情况，不能定量地统计所接枝聚合物刷的平均高度。根据瓶型聚合物单体的密度分布曲线，本节定量地研究了聚合物刷的平均高度：

$$h_m = \frac{\int_0^{L_z} z \rho_m(z) \mathrm{d}z}{\int_0^{L_z} \rho_m(z) \mathrm{d}z} \tag{3.9}$$

式中：ρ_m 为聚合物主链单体密度分布。本节将模拟盒子沿 z 轴方向分为 n 层，每层厚度为 $\mathrm{d}z$ ，统计每一层主链单体的密度并与相应的 z 轴高度相乘，而后求和，将结果除以系统内主链单体的总数，即为聚合物主链的平均高度。从图 3.13 中可以看到，同图 3.12 的结论相同，瓶型聚合物刷的平均高度随接枝密度的增加而单调增加。聚合物接枝密度增加，主链单体和侧链单体随之增加，单体间相互作用增强，同时排除体积效应增加，因此聚合物刷进一步伸展，平均高度增加。

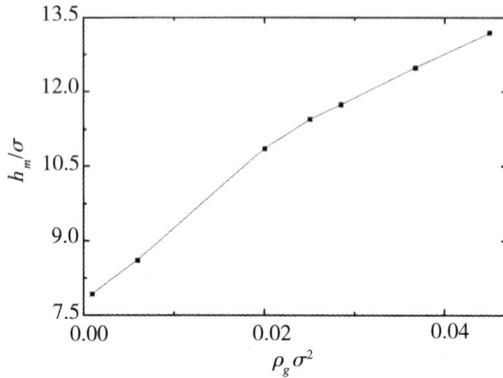

图 3.13　瓶型聚合物刷的平均高度随接枝密度的变化情况

3.2.3　侧链长度对中性瓶型聚合物构象的影响

除聚合物的接枝密度外，瓶型聚合物的侧链长度也是影响聚合物刷构象变化的一个重要因素。本节考虑了 6 种不同的侧链长度（ $n_s = 2$ ，4，6，9，12，18）下，聚合物主链和侧链单体的分布规律。如图 3.14 所示，在接枝密度 $\rho_g \sigma^2 = 0.012$ 情况下，不同侧链长度的聚合物主链单体和侧链单体的密度分布情况。

在图 3.14（a）中，聚合物主链单体的密度分布在接枝板附近波动，随着侧链单体数量的减少，波动逐渐减少，特别是在 $n_s = 2$ 的情况下。对于中等侧链长度（ $n_s = 4$ 和 $n_s = 6$ ），主链单体的密度曲线在初始的波动后有一个明显的波峰，并且峰值随侧链长度的增加而降低。对于较高的侧链长度，主链单体密度曲线则相对平滑。聚合物主链自由端单体随侧链长度的增加而逐渐向上壁面延伸，这说明聚合物链的平均高度逐渐增加。聚合物侧链单体密度分布如图 3.14（b）所示，由于侧链单体依附于主链单体，随侧链长度的增加，侧链单体的分布也逐渐向上壁面延伸。

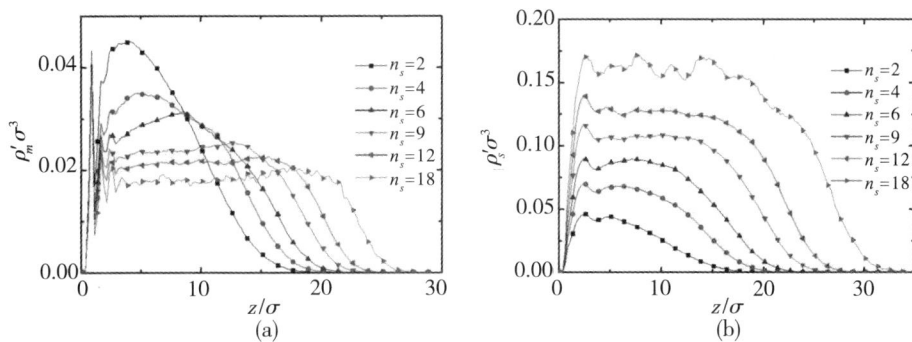

图 3.14 主链单体和侧链单体的密度分布曲线

如图 3.15 所示，在聚合物接枝密度为 $\rho_g\sigma^2 = 0.012$ 时，不同侧链长度使瓶型聚合物刷构象差异很大，特别是主链单体。当侧链长度为 $n_s = 2$ 时，聚合物主链基本呈塌缩状态，随着侧链长度的增加，主链逐渐伸展，当侧链长度为 $n_s = 18$ 时，主链单体明显呈伸展状态。

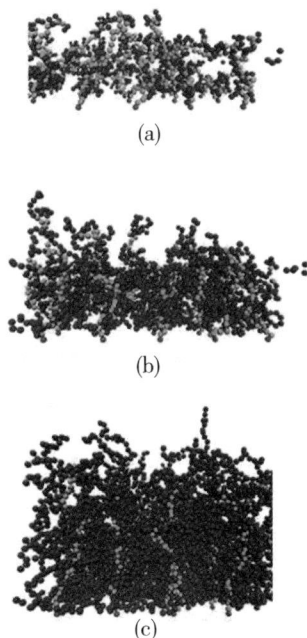

(a)

(b)

(c)

图 3.15 侧链长度为 $n_s = 2$、6 和 18 时的瓶型聚合物构象

此外，根据瓶型聚合物刷的单体密度分布情况，标记每条主链自由端单体，分析计算了接枝密度为 $\rho_g\sigma^2 = 0.012$ 时，在不同侧链长度下，主链自由端单体的密度分布曲线，如图 3.16 所示。由于排除体积效应，随着侧链长度的增加，主链自由端单体逐渐向上壁面移动。值得注意的是，侧链长度较短时（如 $n_s = 2$ 或 $n_s = 4$），主链自由端单体分布较为分散，随着侧链长度增加，主链自由端单体分布更紧凑集中（如 $n_s = 12$ 或 $n_s = 18$）。这进一步说明了增加瓶型聚合物的侧链长度可以使聚合物呈伸展状态。

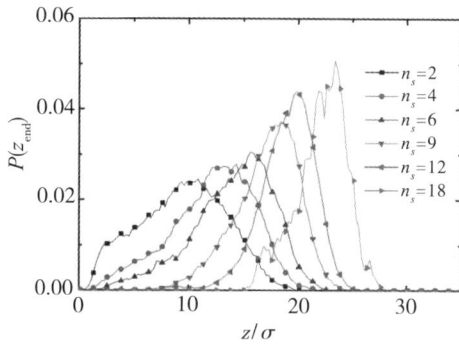

图 3.16　聚合物主链自由端单体密度分布曲线

为了进一步探究瓶型聚合物侧链对聚合物刷构象的影响，本节分别研究了在有侧链和没有侧链的情况下，聚合物主链单体的密度分布特性，如图 3.17 所示。在聚合物有侧链的情况下，聚合物主链单体在不同接枝密度时的密度分布曲线如图 3.17（a）所示。从图中可以看到，主链单体的密度曲线在接枝板附近波动强烈，而后较为平滑，主链自由端单体大多分布在 $z > 20\sigma$ 附近。从主链单体的密度分布曲线看，在有侧链单体的情况下，聚合物主链处于伸展状态，表现出极好的刚性。而在没有侧链的情况下，如图 3.17（b）所示，主链单体的密度曲线在最初的波动之后，类似抛物线迅速下降，其密度值在 $z = 15\sigma$ 附近降为零，这说明和有侧链情况相比，聚合物刷处于塌缩状态。但是，此时主链单体密度曲线的峰值要远高于没有侧链单体的情况。以接枝密度 $\rho_g \sigma^2 = 0.042$ 的情况为例，有侧链单体时，主链单体密度分布曲线除最初波动的峰值为 $0.108\sigma^3$ 外，在没有侧链单体时，主链单体密度曲线的峰值则为 $0.158\sigma^3$。由此可见，相同接枝密度条件下，瓶型聚合物链的侧链在一定程度上可以起到增加主链刚度的作用，可以使聚合物链保持伸展状态。

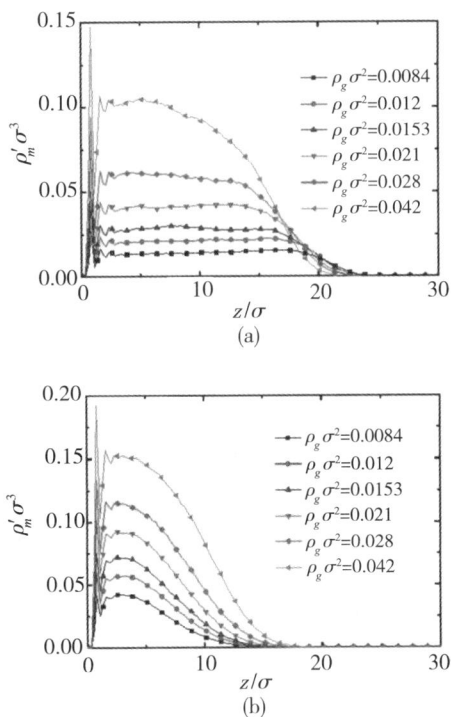

图 3.17　聚合物主链单体密度分布曲线

图 3.18（a）和（b）为在不同接枝密度条件下，对于有侧链单体和没有侧链单体情况，聚合物主链自由端单体的密度分布曲线。在任何一种情况下，主链自由端单体的密度分布曲线都存在明显的峰值，同时出现峰值的区域极为接近，且随接枝密度的增加，曲线的峰值逐渐向上壁面方向移动。在没有侧链的情况下，曲线的峰值要明显低于有侧链的情况，这说明

此时一部分聚合物主链是弯折的，甚至少部分主链自由端单体出现在接枝板附近。另外，通过图3.18（a）和（b）的对比可以进一步说明，由于位阻效应有效地阻碍了主链的侧向倾斜或弯折，含有侧链单体的聚合物具有较强的刚度。

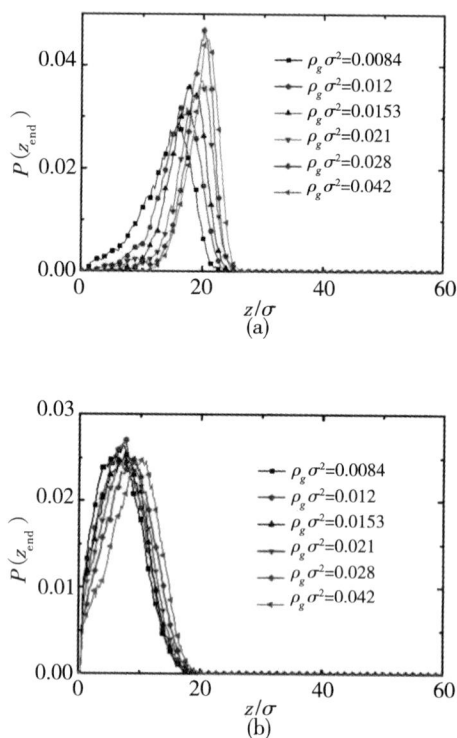

图3.18　聚合物主链自由端单体密度分布曲线

由此可见，侧链单体对于中性聚合物链相行为起到重要作用。本节研究定量地分析了瓶型聚合物链在有侧链和没有侧链的情况下聚合物的平均高度。如图3.19所示，在没有侧链单体的情况下，聚合物刷的平均高度随接枝密度近似线性增加，在同一接枝密度情况下，其平均高度要明显高于有侧链单体的情况。可见对于中性聚合物而言，侧链单体对聚合物链的平均高度影响深刻。

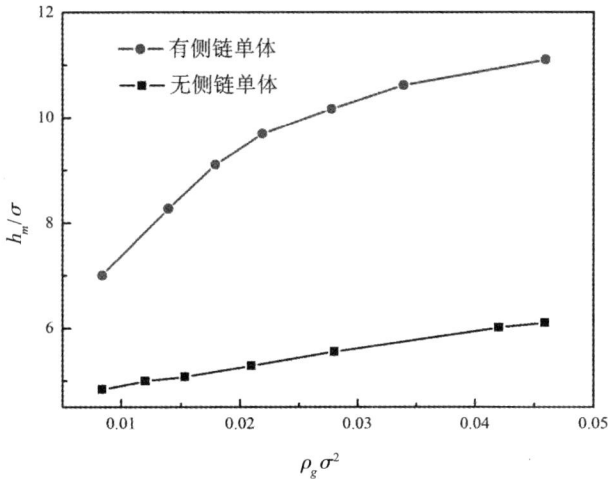

图 3.19　聚合物链平均高度随接枝密度的变化情况

3.3　聚合物刷修饰的微纳流道内流体流动的多尺度模拟

3.3.1　系统模型

在微观尺度，采用分子动力学模拟方法建立三维模型，在微纳流道管壁内表面接枝中性聚合物刷，x 方向为流体粒子的流动方向。由于模拟系统沿垂直方向（y 方向）对称，为简化计算，本节只针对半个流道宽度进行研究，如图 3.20 所示，图中下层粒子为壁面粒子，链状粒子为聚合物刷粒子，游离粒子为流体粒子。管壁粒子按照面心立方晶格排布，共 3 层。整体流道 y 方向的宽度为 44σ，模拟盒子的大小为 $x \times y \times z = 26\sigma \times 22\sigma \times 26\sigma$，$y$ 方向采用固定边界条件，x 方向和 z 方向为周期性边界条件。采用粗粒化模型，将流体粒子与聚合物单体简化为一个珠子，设其质量为 m。系统内管壁粒子数为 4 134，流体粒子数为 11 532。粒子对间相互作用力通过 LJ 势能模拟，截断半径 $r_c = 2^{1/6}\sigma$，粒子运动方程通过 Velocity-Verlet 算法求解。沿 x 方向的水平剪切速度设为 γ，本节将分别研究 $\gamma = 0.01\sigma/\tau$、$0.04\sigma/\tau$、$0.06\sigma/\tau$、$0.1\sigma/\tau$ 四种情况。聚合物刷上的单体总数为 180，本节分别讨论聚合物刷数 $n = 0$、1、2、6、9 五种情况，其对应每条链的链长分别为 0、180、90、30、20。设定模拟系统为恒温系统，这样可以通过流体粒子与管壁粒子的相互作用移出流体粒子产生的黏性热，采用 Langevin 热浴方法控制系统温度为 $T = 1.1\,\varepsilon_{LJ}/k_B$。模拟时间步长为 $\Delta t = 0.005\tau$，模拟时间不低于 7×10^6 时间步，剪切率越小的情况计算时间步长越多。将分子动力学计算得到的边界滑移速度施加在连续区域的边界上，在连续区域采用有限元方法求解。

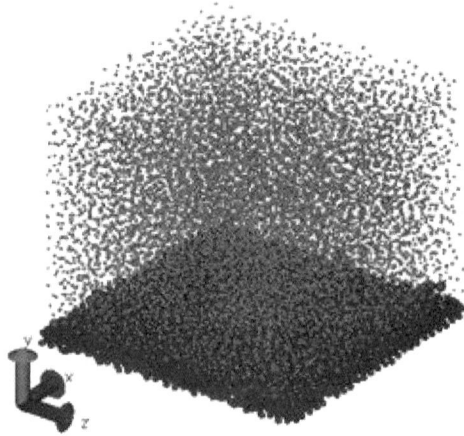

图 3.20　半流道宽度三维计算模型

3.3.2　聚合物刷对流体流动特性的影响分析

如图 3.21 所示，在不同剪切率的情况下，聚合物链分子数 $n=6$ 时，流体粒子流速沿流道横截面 y 方向的变化情况，横坐标为距流道下壁面的距离，从图中可见，流体速度随剪切率的增大而增大。为讨论方便，本节对模拟过程中的简化单位赋予实际单位值。

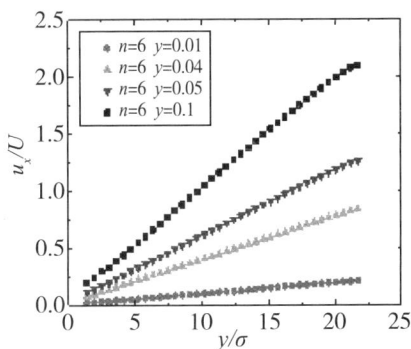

图 3.21　不同剪切率情况下的流体速度曲线

在宏观模型中，采用 Navier–Stokes 方程进行计算。流道总宽度为 44σ（1.729×10^{-8} m），流道长度取值为 0.1 mm。当接枝聚合物链数为 $n=6$ 时，流体流量曲线如图 3.22 所示。随着剪切率增大，壁面滑移速度增大，流体流动速度整体增大，流量增加。当剪切率较大时，对应流体黏度较小，流体粒子与壁面粒子间相互作用力较小，因而壁面滑移速度较大，同时流道中心处速度增大。

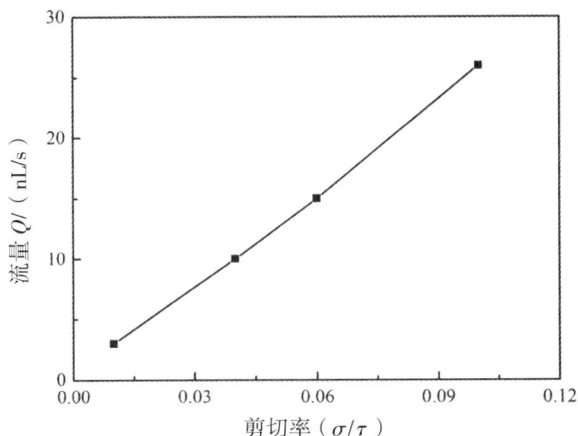

图 3.22　不同剪切率情况下的流体流量曲线

为了进一步分析接枝聚合物刷对微纳流道内流体流动特性的影响，在微观条件下，固定流体剪切率 $\gamma=0.04\sigma/\tau$，改变流道表面聚合物刷接枝数量，流道内沿垂直流道方向的速度变化情况如图 3.23 所示。从图中可见，若流道壁面未接枝聚合物刷，靠近壁面流体速度相对较高。随着接枝聚合物刷数量的增多，流道壁面处流体速度逐渐降低，这是由于壁面接枝的聚合物刷增大了壁面粒子对流体粒子的摩擦力。但值得注意的是，在流道中心位置的流体速度基本不变。这说明在微观系统内，表面接枝聚合物对壁面滑移速度的影响较大，而对流道中心的最大速度值影响较小。

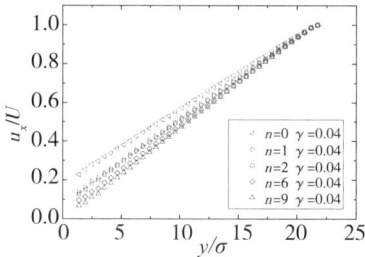

图 3.23　不同接枝数量聚合物刷对流速的影响情况

采用与之前相同的算法，应用 Navier–Stokes 方程，在流道宽度为 44σ（1.729×10^{-8} m）、流道长度为 0.1 mm 的情况下，计算得到 $\gamma = 0.04$ 时，接枝不同聚合物刷的流道内流体流量变化情况，如图 3.24 所示。当流道表面接枝聚合物刷增多时，壁面粗糙度增大，对流体的阻力增大，流量减小。

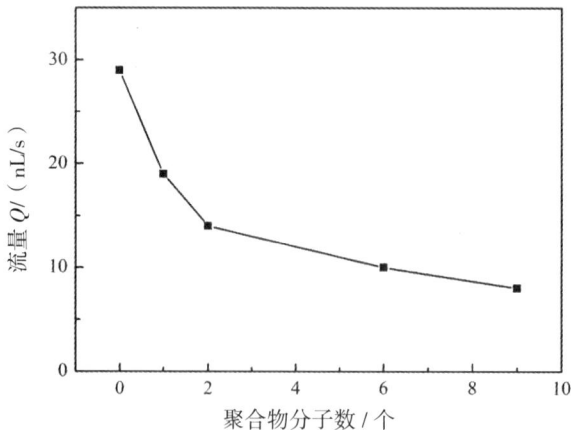

图 3.24　不同聚合物刷分子数对流体流量影响

3.4　本章小结

本章采用粗粒化分子动力学方法研究了柱状纳米通道中接枝聚合物电解质刷及其构象变化的特性。当系统中粒子不受外力作用时，聚合物电解质刷接枝密度的降低，会使聚合物电解质刷呈现塌缩构象。系统内的反离子与聚合物电解质刷之间虽然存在静电吸引作用，但是在较低接枝密度的情况下，反离子会挣脱聚合物电解质刷的束缚。当系统受到外力作用时，随接枝密度的降低，聚合物电解质刷的塌缩行为表现得更为明显。但是流场受到外力作用，反离子被限制在聚合物刷层内部，大部分流体粒子聚集在纳米通道轴线处。经对比发现，在纳米通道内表面接枝聚合物电解质刷，同时对系统施加外力，可以有效加强对流体粒子流动特性的控制。

此外，本章研究了一种接枝于平板纳米通道表面的特殊中性瓶型聚合物。研究发现，在中等接枝密度情况下，主链单体密度在壁面附近波动明显，且随着接枝密度的增加，瓶型聚合物的平均高度逐渐增加。另外，增加瓶型聚合物的侧链长度可以有效增加主链刚度，使聚合物主链不易弯折或塌缩。和普通聚合物链（及不含侧链单体）相比，即使在较低的接枝密度条件下，瓶型聚合物更易呈现伸展状态，对纳米通道内电解质刷溶液的影响也更为深刻。

最后，本章采用多尺度方法，在微观尺度采用分子动力学方法计算流道内靠近壁面的滑移长度，并将滑移长度应用到介观尺度计算，分析不同剪切率和聚合物接枝数量对流体流动的影响。研究表明，增大剪切率，使流体黏度减小，壁面附近滑移长度增大，流道中心处流体速度的增长幅度较大，流量增加。壁面接枝聚合物刷数量增多，使流道表面粗糙度增大，流体速度降低，流量减少。

第 4 章 微流控多孔燃料电池的多尺度模拟

从第 1 章绪论可以看出，微流控燃料电池同微流控系统一样，存在典型的多尺度现象。但到目前为止，还未见微流控多孔燃料电池多尺度模拟研究的文献报道。根据微流控燃料电池的结构，前面两章的多尺度模拟方法不再适用。因此，本章将探索参数传递的多尺度模拟方法。

本章将建立适用于微流控燃料电池的多尺度模型，并以全钒微流控燃料电池为例，以扩散系数为传递信息建立不同尺度间的联系，分析计算电池的宏观性能，并与相关实验对比，综合分析使多尺度模型计算与实验结果之间产生误差的原因。

4.1　多尺度计算模型

本节将开发一种适用于微流控燃料电池的多尺度计算模型，以全钒微流控多孔燃料电池为例进行模型开发。本节所研究的微流控燃料电池采用"H型"流道设计，其宏观二维几何结构如图 4.1 所示。这种特殊的微流控燃料电池的设计利用微流的层流特性，使电池中氧化剂和燃料有效分离并沿流道平行流动，不必使用传统燃料电池所必需的质子交换膜隔离氧化剂和燃料。在流道中，由于层流间仅存在扩散作用，两股流体的混合度非常有限，可以避免交叉污染的现象。阳极电解液的主要反应物为 V^{2+} 和 H^+，阴极电解液的主要成分为有效反应物 VO_2^+。在电池的工作过程中，阳极的 V^{2+} 失电子被氧化为 V^{3+}，VO_2^+ 得电子被还原为 VO^{2+}，同时消耗大量 H^+。H 型流道正极和阴极的流道宽度均为 1 mm，高度为 120 μm，多孔碳电极长为 27 mm，宽为 400 μm，面积为 0.108 cm²。

对于微流控燃料电池而言，参加氧化还原反应的各价态钒离子在系统内的运动扩散情况属于微观领域，多孔碳电极的孔径大小及钒离子在其内的扩散程度属于介观领域，而整体微流控燃料电池的电化学性能研究则属于宏观领域。因此，从单一尺度研究微流控燃料电池很难达到高精度的要求。为了减少模拟计算中产生的误差，提高模拟精度，本节将开发一种全新的适用于微流控燃料电池的分层多尺度方法，研究方法如图 4.2 所示。在微观尺度，采用全原子分子动力学模拟方法计算钒离子的扩散系数 D；而后在介观尺度，根据菲克定律，应用微观尺度计算而得的扩散系数计算钒离子的有效扩散系数 D^{eff}；在宏观尺度，采用流体动力学方法，代入介观尺度计算得到有效扩散系数 D^{eff}，分析计算微流控燃料电池的电化学性能。

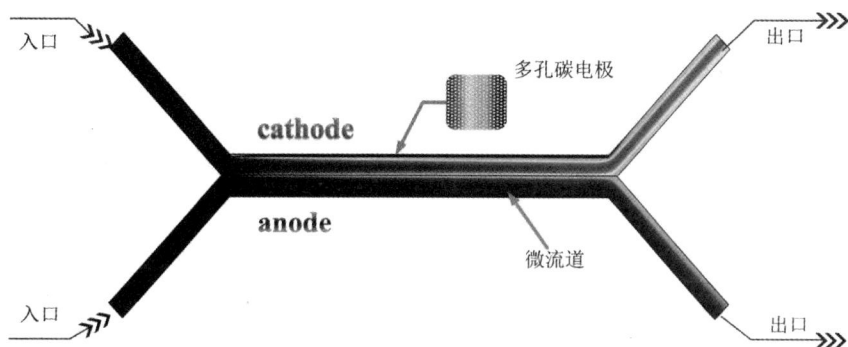

图 4.1　"H 型"全钒微流控多孔燃料电池二维模型

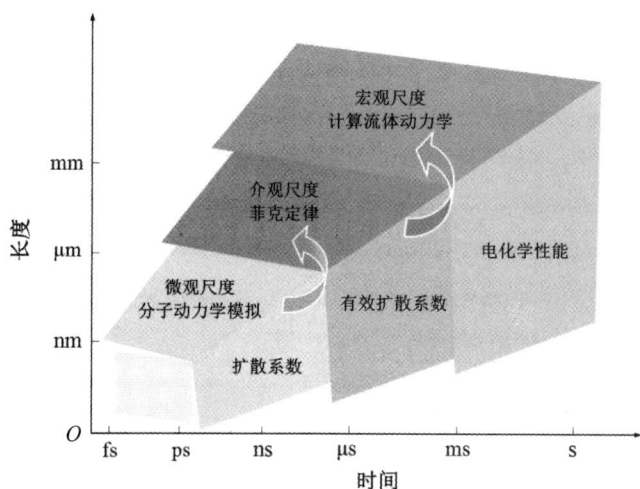

图 4.2　分层多尺度计算方法示意

4.1.1　微观尺度模拟方法

以三价钒离子 V^{3+} 为例，建立三维模拟盒子，模拟盒子的尺寸为 $L_x \times L_y \times L_z = (1.35 \times 1.35 \times 1.35) nm^3$（见图 4.3），$x$、$y$、$z$ 方向均为周期性边界条件。向模拟盒子中添加钒离子、硫酸根离子和水分子，本节所研究的四种价态钒离子 V^{2+}、V^{3+}、VO^{2+} 和 VO_2^+ 在模拟盒子中的密度分别为 $2\,000\ mol/m^3$、$4\ mol/m^3$、$4\ mol/m^3$、$2\,000\ mol/m^3$。采用 NVT 系综，即保证系统内总粒子数、体积和温度不变，模拟温度为 298 K。采用 Compass 力场[165]，任意粒子对间的相互作用通过 LJ 势能描述，带电粒子间的静电作用通过库仑力描述。应用 Velocity-Verlet 算法计算系统内粒子的运动速度和位置，时间步长为 1 fs，先采用最速下降法进行 50 ps 能量最小化模拟，使系统趋于稳定，并找到系统能量最低的构象，而后继续模拟 200 ps，根据系统能量变化判断是否达到平衡状态。系统达到平衡后，每 50 时间步进行一次取样分析，并统计粒子的运动轨迹。根据粒子的运动轨迹，计算粒子的均方位移 MSD，而后根据爱因斯坦扩散定律，计算钒离子的扩散系数。

$$D = \frac{1}{6N} \lim_{t \to \infty} \frac{d}{dt} \sum_{i=1}^{N} \left\{ [r_i(t) - r_0(t)]^2 \right\} \tag{4.1}$$

式中：N 是系统内的钒离子总数；t 为计算时间；$r_i(t)$ 为 t 时刻钒离子 i 的位置；$\left\{ [r_i(t) - r_0(t)]^2 \right\}$ 即为钒离子的均方位移 MSD。

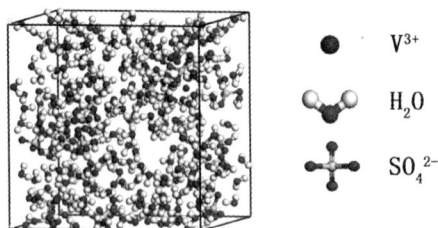

图 4.3　V^{3+} 微观尺度模拟示意

4.1.2　介观尺度模拟方法

在介观尺度，本节将建立二维模型模拟计算不同价态钒离子在多孔碳中的扩散迁移过程，其模拟快照如图 4.4 所示。多孔碳电极尺寸为 $L_x \times L_y = 27 \text{ mm} \times 0.4 \text{ mm}$，孔隙率为 78%，密度为 0.49 g/cm³。在本节的研究中，钒离子在多孔碳中的扩散研究基于以下假设：

（1）多孔碳电极材料是均质的。

（2）多孔碳电极的厚度同长度和宽度相比极薄。

（3）钒离子的扩散遵循菲克扩散定律。

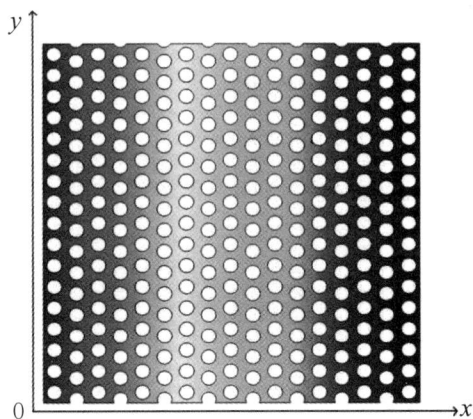

图 4.4　钒离子 V^{3+} 在多孔碳电极中的扩散模拟快照

菲克扩散定律是指在单位时间内通过垂直扩散方向的单位横截面积的扩散物质流量（也称为扩散通量）与该截面处的浓度梯度成正比。也就是说，扩散物质的浓度梯度越大，扩散量越大，可通过如下方程表述：

$$\frac{\partial c}{\partial t} + \nabla(-D\nabla c) = 0 \qquad （4.2）$$

式中：c 为扩散物质浓度。根据钒离子扩散主要考虑沿多孔碳电极 x 方向，因此 y 方向扩散不予考虑。在 x 方向的边界条件设为

$$\begin{cases} c = c_0 & (x = 0) \\ (-D\nabla c) \cdot n = k_m (c_0 - c_1) & (x = x_1) \end{cases} \quad (4.3)$$

式中：$x = 0$ 处为绝缘边界条件；c_0 为初始浓度；c_1 为多孔碳结构外钒离子溶液的浓度；k_m 为质量迁移系数，根据相关文献[166]，质量迁移系数取值为 $k_m = 1.6 \times 10^{-4} v^{0.4}$，$v$ 为钒离子迁移速度。其他边界设为不可扩散边界条件。有效扩散系数 D^{eff} 可以根据如下公式计算：

$$D^{eff} = \frac{N_{average} \cdot x_1}{(c_0 - c_{out})} \quad (4.4)$$

式中：$N_{average}$ 为平均通量；c_{out} 为出口处钒离子浓度。平均通量 $N_{average}$ 可以通过如下方程计算：

$$N_{average} = \frac{1}{L_0} \int_0^{L_0} k_m (c - c_1) \mathrm{d}S \quad (4.5)$$

式中：L_0 为多孔碳电极沿 x 方向的长度。

4.1.3 宏观尺度模拟方法

宏观尺度模拟模型如图 4.1 所示，阳极区包含 VO^{2+} 和 VO_2^+，阴极区包含 V^{2+} 和 V^{3+}，在阳极和阴极流道内均含 H^+ 和 SO_4^{2-}，正电极和负电极均为多孔碳材料。电解液从入口处进入流道，而后通过多孔碳电极，电解液中的 H^+ 从阳极到阴极通过扩散作用实现微流控电池内部的电离子迁移，而电子在外电路从阳极迁移到阴极。电池中的电化学反应如下式所示，该反应主要发生在电解液与多孔碳电极相互接触的区域：

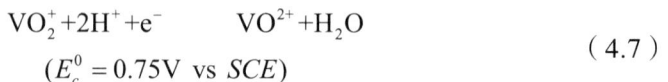

$$V^{3+} + e \qquad V^{2+}$$
$$(E_a^0 = -0.49\mathrm{V} \ \mathrm{vs} \ SCE) \quad (4.6)$$

$$VO_2^+ + 2H^+ + e^- \qquad VO^{2+} + H_2O$$
$$(E_c^0 = 0.75\mathrm{V} \ \mathrm{vs} \ SCE) \quad (4.7)$$

式中：反应方程中上角标 0 表示标准状态；下角标 a 和 c 分别表示电池的阳极和阴极；SEC 为标准汞电极电势[167]。

本节所讨论的宏观模型是基于以下假设：

（1）全钒微流控燃料电池是等温系统。

（2）微流道中的电解液为不可压缩流体，由于微流道内流体流速较低，Reynolds 数非常小，因此阳极和阴极电解液均为层流。

（3）重力对电池的作用忽略不计。

（4）电池模拟中只考虑主反应，副反应忽略不计。

（5）仅考虑稳态情况下的微流控电池性能。

1. 控制方程

在微流道内，流体的连续方程和动量方程可以表述为

$$\nabla u = 0 \tag{4.8}$$

$$\nabla \cdot (\rho u u) = -\nabla p + \nabla(\mu \nabla u) \tag{4.9}$$

式中：u 为速度矢量；p 为流体压强；ρ 和 μ 分别表示流体密度和黏度。根据反应方程式，在电池阴极，消耗 1 mol VO_2^+，同时消耗 2 mol H^+，必然会在电池的阴极、阳极之间产生较大的 H^+ 离子浓度梯度，即阳极的 H^+ 离子通过扩散作用向阴极传输。在电池中存在这种物质的传输。系统内每种物质的传输的摩尔通量 N_i 可以通过能斯特 – 普朗克[167]方程计算：

$$N_i = -\frac{z_i F c_i D_i}{RT} \nabla \phi_e - D_i \nabla c_i + u c_i \tag{4.10}$$

式 中：$i \in \{2,3,4,5,H^+\}$，分 别 表 示 不 同 价 态 的 钒 离 子，即 $\{V^{2+}, V^{3+}, VO^{2+}, VO_2^+, H^+\}$；$\phi_e$ 为电解液的瞬时电势；F、R 和 T 分别表示法拉第常量、通用气体常数、热力学温度；c_i 为相应流体浓度。方程右侧三项分别表示离子传输、扩散及对流，其中电解液中反应物的传输速率是影响电池性能的主要因素，反应物的扩散和对流与浓度梯度成正比，对物质传输也有一定的贡献，是电池性能的决定因素。提高反应物对流与扩散的主要方法有缩短反应物传输的距离、提高反应物自身的扩散率、适当增加反应物浓度及流动速度。

采用多孔碳电极能够有效增加电解液和电极的接触面积，但是特殊的多

孔结构必然会给电解液的流动带来一定阻力，使电解液流经多孔电极后损失一定的动量。这里采用布里克曼方程定量表达多孔介质中电解液的流动规律：

$$\nabla p = \frac{\mu}{K}\varepsilon u + \mu\nabla(\nabla u) \tag{4.11}$$

式中：K 为多孔介质的渗透率，可由科泽尼 – 卡尔曼方程 [169] 计算得到：

$$K = \frac{d_f^2 \varepsilon^3}{16 k_{ck}(1-\varepsilon)^2} \tag{4.12}$$

式中：k_{ck} 为多孔碳电极的科泽尼 – 卡尔曼常数；d_f 为多孔碳电极的平均纤维直径。

电池内部 VO_2^+ 和 VO^{2+}、V^{2+} 和 V^{3+} 发生氧化还原反应，需引入源 / 汇项 S_i 表示电化学反应对物质浓度变化的影响。系统内部的物质守恒方程为

$$\nabla N_i = S_i \tag{4.13}$$

式中：S_i 表示物质 i 在多孔电极区域的反应速率，在非电极区域取值为 0，在阴极和阳极区域 S_i 表达式如表 4.1 所示，表中 j_a 或 j_c 表示阳极或阴极的法拉第电流密度。

表 4.1　源 / 汇项

源 / 汇	阳极	阴极
$S_2(V^{2+})$	$\nabla j_a / F$	0
$S_3(V^{3+})$	$-\nabla j_a / F$	0
$S_4(VO^{2+})$	0	$\nabla j_c / F$
$S_5(VO_2^+)$	0	$-\nabla j_c / F$
$S_{H^+}(H^+)$	0	$-2\nabla j_c / F$

由于电池系统内呈电中性，所以电池内的两种电荷（电子和离子）遵循电荷守恒定律：

$$\nabla i_s + \nabla i_e = 0 \tag{4.14}$$

若局部电流密度为 j，则式（4.14）可写为

$$-\nabla i_e = \nabla i_s = j \tag{4.15}$$

在电极区域消耗电子和离子，电流将产生电压降，根据欧姆定律可得

$$\begin{aligned} \nabla i_s &= -\sigma_s \nabla^2 \phi_s = S_\phi \\ \nabla i_e &= -\sigma_e \nabla^2 \phi_e = S_\phi \end{aligned} \tag{4.16}$$

$$N_i = -\frac{z_i F c_i D_i}{RT} \nabla \phi_e - D_i \nabla c_i + u c_i \tag{4.17}$$

式（4.16）中：σ_s 和 σ_e 分别表示多孔碳电极上电子的传导率和液相中带电离子的传导率。电流源项 S_ϕ 可表达为

$$S_\phi = \pm j_{a/c} \tag{4.18}$$

2. 反应动力学

巴特勒－沃尔默方程是电化学动力学的奠基石，是描述电流和电压的总起点，阐述了电化学反应产生的电流随活化势指数增加的原理。η 为活化过电势，表示克服电化学反应相关的活化能垒所牺牲的电压。巴特勒－沃尔默方程将基本电化学变量法拉第电流密度 j、活化过电势 η、电解液中反应物浓度和电极表面反应物浓度有效结合在一起。由于本书采用多孔碳电极，和平板电极相比，与电解液接触的有效面积增大，若 A 为电极比表面积，这里引入活化面积 εA 描述多孔性对微流控燃料电池的影响，巴特勒－沃尔默方程可以修正为

$$\begin{aligned} j_a &= \varepsilon A i_a^0 \left\{ \frac{C_{VO_2^+}^S}{C_{VO_2^+}^b} \exp\left[\frac{-\alpha nF}{RT}\eta_a\right] - \frac{C_{VO^{2+}}^S}{C_{VO^{2+}}^b} \left[\frac{(1-\alpha)nF}{RT}\eta_a\right] \right\} \\ j_c &= \varepsilon A i_c^0 \left\{ \frac{C_{V^{3+}}^S}{C_{V^{3+}}^b} \exp\left[\frac{-\alpha nF}{RT}\eta_c\right] - \frac{C_{V^{2+}}^S}{C_{V^{2+}}^b} \left[\frac{(1-\alpha)nF}{RT}\eta_c\right] \right\} \end{aligned} \tag{4.19}$$

标准状态下，阳极和阴极的交换电流密度的计算方程如下：

$$\begin{aligned} i_a^0 &= F k_a (c_{V^{2+}}^s)^\alpha (c_{V^{3+}}^s)^{(1-\alpha)} \\ i_c^0 &= F k_c (c_{VO^{2+}}^s)^\alpha (c_{VO_2^+}^s)^{(1-\alpha)} \end{aligned} \tag{4.20}$$

式中：k_a 和 k_c 分别是阳极和阴极的反应速率常数，这一物理量与温度有关：

$$k_{a/c} = k_{a/c}^0 \exp\left(\frac{nFE_{a/c}}{R} \left[\frac{1}{T_{a/c}^0} - \frac{1}{T} \right] \right) \quad (4.21)$$

式中：$T_{a/c}^0$ 表示阳极或阴极参考状态下的物理量；$E_{a/c}$ 表示阳极或阴极的电极平衡电势，可通过能斯特方程求得：

$$E_a = E_a^0 + \frac{RT}{F} \ln\left(\frac{c_{\text{VO}_2^+}}{c_{\text{VO}^{2+}}}\right)$$
$$E_c = E_c^0 + \frac{RT}{F} \ln\left(\frac{c_{\text{V}^{3+}}}{c_{\text{V}^{2+}}}\right) \quad (4.22)$$

阳极和阴极的过电势可通过如下方程表述：

$$\eta_a = \phi_s - \phi_e - E_a$$
$$\eta_c = \phi_s - \phi_e - E_c \quad (4.23)$$

多孔电极正极中反应物 VO_2^+ 和 VO^+ 溶液浓度与表面溶液浓度之间的平衡关系可通过以下方程表述：

$$c_{\text{VO}^{2+}} - c_{\text{VO}^{2+}}^s = -\frac{\varepsilon k_a}{\gamma_{\text{VO}^{2+}}} \left\{ c_{\text{VO}^{2+}}^s \exp\left(\frac{F\eta_c}{2RT}\right) - c_{\text{VO}_2^+}^s \exp\left(\frac{F\eta_a}{2RT}\right) \right\}$$
$$c_{\text{VO}_2^+} - c_{\text{VO}_2^+}^s = -\frac{\varepsilon k_a}{\gamma_{\text{VO}_2^+}} \left\{ c_{\text{VO}^{2+}}^s \exp\left(\frac{F\eta_a}{2RT}\right) - c_{\text{VO}_2^+}^s \exp\left(\frac{F\eta_a}{2RT}\right) \right\} \quad (4.24)$$

式中：$\gamma_i = D_i / d$ 表示溶液中钒离子的扩散速度，其中 d 为多孔碳电极内部纤维间的距离，代入方程（4.24），可得正极表面钒离子的浓度：

$$c_{\text{VO}^{2+}}^s = \frac{\varepsilon k_a \mathrm{e}^{-F\eta_a/2RT}(c_{\text{VO}^{2+}} / \gamma_{\text{VO}_2^+} + c_{\text{VO}_2^+} / \gamma_{\text{VO}^{2+}}) - c_{\text{VO}^{2+}}}{\varepsilon k_a(\mathrm{e}^{-F\eta_a/2RT} / \gamma_{\text{VO}_2^+} + \mathrm{e}^{F\eta_a/2RT} / \gamma_{\text{VO}^{2+}}) - 1}$$
$$c_{\text{VO}_2^+}^s = \frac{\varepsilon k_a \mathrm{e}^{-F\eta_a/2RT}(c_{\text{VO}^{2+}} / \gamma_{\text{VO}_2^+} + c_{\text{VO}_2^+} / \gamma_{\text{VO}^{2+}}) - c_{\text{VO}_2^+}}{\varepsilon k_a(\mathrm{e}^{-F\eta_a/2RT} / \gamma_{\text{VO}_2^+} + \mathrm{e}^{F\eta_a/2RT} / \gamma_{\text{VO}^{2+}}) - 1} \quad (4.25)$$

多孔碳电极负极钒离子的反应与正极计算方法相同。

3.边界条件

在流道入口处，氧化剂和燃料以初始速度 u_0 流入电池，出口处以压力 p_0 作为边界条件，其他位置边界均为流道壁面，上述各处边界条件可用如下方程表述：

$$\begin{cases} v_{in} = -u_0 \cdot n \\ p = p_0 \\ \nabla p \cdot n = 0 \end{cases} \quad (4.26)$$

式中：v_{in} 为入口处的速度矢量。

基于假设，本书的模拟系统为恒温系统，且微流控燃料电池的性能是在恒定电压下进行模拟计算，在电池的阳极电极板处电压为 0 V，阴极电极板电压为电极电势 ϕ_0，其他边界处均为绝缘边界条件，可用如下表达式描述：

$$\begin{cases} \phi_s = \pm\phi_0 \\ n(\sigma_s \nabla^2 \phi_s) = 0 \end{cases} \quad (4.27)$$

式中：ϕ_0 为初始设置的电极电势；+ 和 – 号分别代表电池的正极和负极。

微流控电池电势在电池内部是连续的，带电离子移动形成的离子电流只存在于流道内的电解液中，不同于电子存在于外电路，因此带电离子在电池内部边界连续而在外部为电绝缘边界条件：

$$n(\sigma_e \nabla^2 \phi_e) = 0 \quad (4.28)$$

在电池阳极和阴极处钒离子的浓度作为入口处的边界条件，出口处的边界条件为对流扩散：

$$\begin{cases} c_{in} = c_0 \\ -D_i \nabla c_i \cdot n = 0 \end{cases} \quad (4.29)$$

除微流控电池的入口和出口外，其余外表面与物质通量相关的边界条件全部设置为零：

$$n(-D_i \nabla c_i + c_i v) = 0 \quad (4.30)$$

在本书模拟中所用到的具体模拟参数如表 4.2 所示。

表 4.2　宏观计算模型中计算参数

参　数	单　位	阳　极	阴　极	参考文献
法拉第常数，F	C / mol	96 485.34	96 485.34	—
普适气体常数，R	J / (mol·K)	8.314	8.314	—
温度，T	K	298	298	[101]
比热容，C	J / (kg·K)	4.2×10^3	4.2×10^3	—
密度，ρ	kg / m^3	1 000	1 000	—
动黏度，μ	Pa·s	5×10^{-3}	5×10^{-3}	[6]
电荷转移系数，α	—	0.5	0.5	[102]
初始浓度，c_0	mol / m^3	1 000	1 000	[101]
导电率，κ	S / m	29.5	29.5	[7]
反应速率常数，k	—	1.75×10^{-7}	3×10^{-9}	[102，170]
多孔电极孔隙率，ε	—	0.78	0.78	[101]
扩散系数，D_i	m^2 / s	微观模拟计算	微观模拟计算	—
有效扩散系数，D_i^{eff}	m^2 / s	介观模拟计算	介观模拟计算	—

4.2　全钒微流控燃料电池的多尺度计算与实验拟合

在微观尺度，采用全原子分子动力学模拟方法，分别计算模拟盒子中各价态钒离子 V^{2+}、V^{3+}、VO^{2+}、VO_2^+ 的运动轨迹，并计算其均方位移 MSD，如图 4.5 所示。从图中可以看出各价态钒离子的 MSD 曲线随模拟时间呈近似线性增长，这说明系统已经达到平衡状态。根据式（4.1），由 MSD 曲线的斜率可以计算得到电解液中钒离子的扩散系数 D_i，计算结果如表 4.3 所示。表格右侧数据为相关文献 [172] 中采用实验方法测得的各价态钒离子的扩散系数，与本书模拟结果对照，结果极为精确。四种价态钒离子扩散系数与实验结果相比，误差分别为 5.83%、6.67%、4.36%、2.3%。

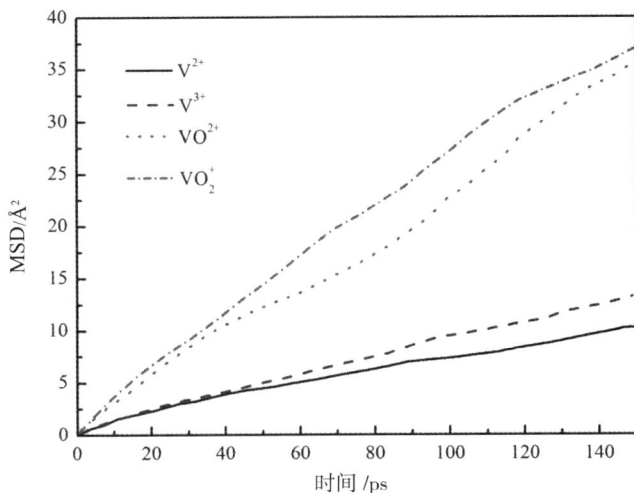

图 4.5 各价态钒离子 MSD 曲线

表 4.3 微观尺度钒离子扩散系数 D_i 计算结果

离子类别	扩散系数 D_i / (m^2 / s)	
	模拟结果	实验结果
V^{2+}	2.26×10^{-10}	2.4×10^{-10} [8]
V^{3+}	2.24×10^{-10}	2.4×10^{-10} [172]
VO^{2+}	3.73×10^{-10}	3.9×10^{-10} [172]
VO_2^+	3.81×10^{-10}	3.9×10^{-10} [172]

在介观尺度，根据式（4.5），分别计算电解液中各价态钒离子在多孔碳

电极内的平均通量，计算结果如图 4.6 所示，而后可根据式（4.4）计算钒离子的有效扩散系数 D_i^{eff}。

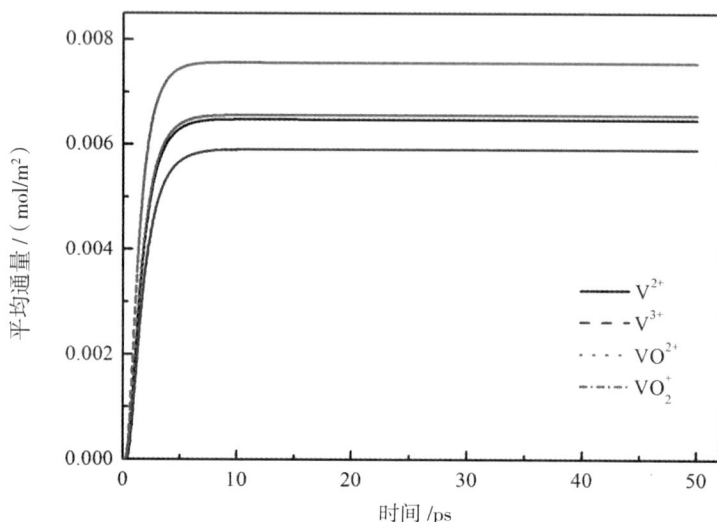

图 4.6　电解液中各价态钒离子在多孔电极中的平均通量

根据 Bruggeman 校正方程，扩散系数 D_i 与有效扩散系数 D_i^{eff} 之间存在如下关系：

$$D_i^{\text{eff}} = D_i \varepsilon^{\text{brugg}} \tag{4.31}$$

式中：brugg 为 Bruggeman 参数，根据经验计算，取值为 $\text{brugg} = 1.5$。ε 为多孔电极孔隙率，可以通过如下方程精确计算：

$$\varepsilon = \frac{1}{L_0 L_1} \iint_S 1\mathrm{d}s \tag{4.32}$$

式中：L_0 和 L_1 分别表示二维多孔碳电极的长和宽，为有效尺寸。在本节的介观模拟中，多孔碳电极孔隙率的计算结果为 0.78，计算各价态钒离子的有效扩散系数 D_i^{eff}，将微观模拟结果 D_i 和介观模拟结果 D_i^{eff} 代入 Bruggeman 校正方程，并计算 Bruggeman 参数，计算结果如表 4.4 所示。由表 4.4 可知，

brugg 参数拟合结果与经验值相差极小，误差区间为 0.58% ～ 0.67%，最大误差不超过 1%，进一步证明了本节模拟模型的准确性。

表 4.4　介观尺度有效扩散系数 D_i^{eff}

离子类别	有效扩散系数 D_i^{eff} / (m^2 / s)	brugg 参数拟合结果
V^{2+}	$1.553\ 0 \times 10^{-10}$	1.509 9
V^{3+}	$1.539\ 4 \times 10^{-10}$	1.509 5
VO^{2+}	$2.563\ 1 \times 10^{-10}$	1.510 1
VO_2^+	$2.619\ 0 \times 10^{-10}$	1.508 7

在宏观区域，模拟模型如图 4.1 所示，相关模拟参数如表 4.2 所示，扩散系数 D_i 和有效扩散系数 D_i^{eff} 采用微观模拟和介观模拟中所得到的结果。极化密度和功率密度曲线是评估电池性能的重要信息，在本节中研究了不同入口流速对微流控燃料电池的性能影响。当电解液入口流速为 10 μL/min 时，电池的极化密度曲线如图 4.7 所示。图 4.7 中实线为稳态条件下控制电池电压得到的多尺度模拟结果，实心点为各参数相同情况下的文献中的实验结果。将多尺度模拟结果和实验结果比较，两条曲线变化，存在微小差异，但基本一致，这充分说明了多尺度模拟模型的正确性。另外，针对全钒微流控燃料电池进行了单一尺度的宏观模拟，即宏观模型及算法均与多尺度模拟中的宏观模型相同，但扩散系数 D_i 和有效扩散系数 D_i^{eff} 采用经验值参与计算，计算结果如图中虚线部分所示。从极化曲线来看，相比多尺度模拟，单一尺度宏观模拟与实验结果的差异较大，由此可见，多尺度模拟的结果与实际情况更为接近，误差较小，精确度更高。当放电电流较小时，多尺度模拟结果和实验结果的拟合非常好；当放电电流较大时，模拟结果和实验结果的偏差逐渐增大，这是由于大电流放电时，阳极和阴极的 V^{2+} 和 VO^{2+} 消耗较多，使其浓度下降较快，扩散系数减小，反应速率降低。

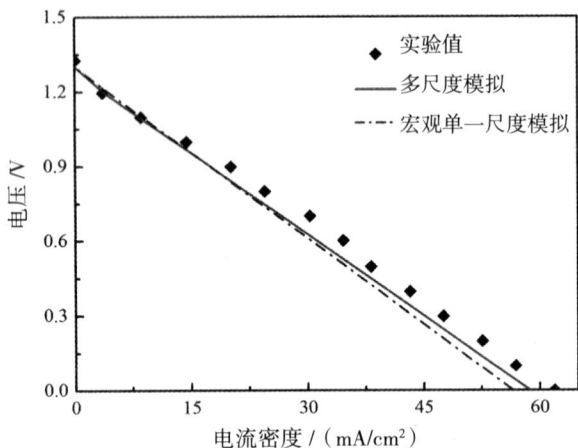

图 4.7　微流控燃料电池的极化曲线

如图 4.8 所示是入口流速为 10 μL/min 时微流控燃料电池的功率密度曲线。电池的功率密度是关于电流密度的函数，随着电流密度的增加呈抛物线变化规律。在本节的模拟中，电压为 0.6 V 时，获得的最大功率密度为 $18.72\ \mathrm{mW/cm^2}$。

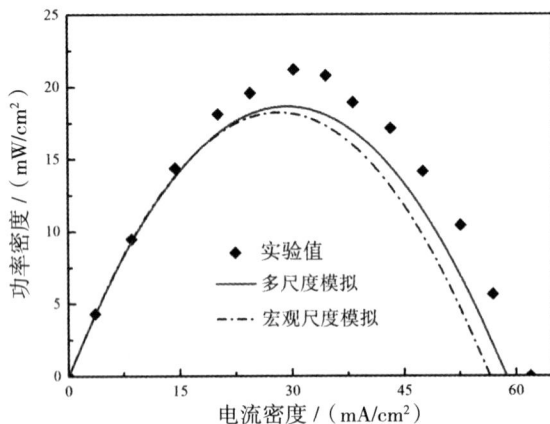

图 4.8　微流控燃料电池的功率密度曲线

此外，本节还研究了入口流速为 60 μL/min 时，全钒微流控燃料电池的极化曲线，如图 4.9 所示。可见，相比单一宏观尺度模拟，多尺度模拟结果更接近于实验值。在极化曲线中，电压与电流呈近似线性关系。流控燃料电池的极化曲线通常包含三个典型区域，即活化极化区、欧姆极化区和浓差极化区。当电流较低时，电极需要克服反应势能壁垒才能够继续进行电化学反应，因而在最初电压损失较大。在欧姆极化区域，活化电压损失仍然不可避免，但是在这一阶段，欧姆极化损失开始起主导作用。在浓差极化区域，作为反应物的 V^{2+} 和 VO_2^+ 大量消耗，其浓度低于本体溶液浓度，形成浓度差。另外，电极表面聚集反应生成物 V^{3+} 和 VO^{2+}，进一步阻碍了反应物 V^{2+} 和 VO_2^+ 与电极的接触。对比图 4.7 和图 4.9 可以发现，增大入口流速，即增大对流与扩散，可以缓解或减少浓差极化的影响。入口处电解液流速增加，电流密度随之增大，说明该电池系统内氧化还原反应较快，电池受物质传输的影响较大。

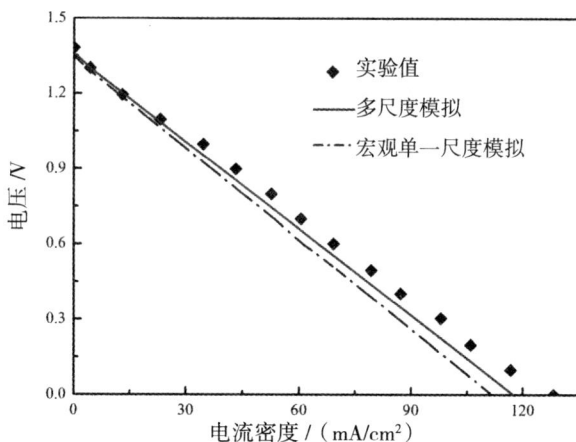

图 4.9　微流控燃料电池的极化曲线

如图 4.10 所示是入口流速为 60 μL/min 时全钒微流控燃料电池的功率密度曲线。根据多尺度模拟结果，在电压为 0.7 V 时，获得的最大功率密度为 39.57 mW / cm²。对比图 4.8 可知，当电解液入口流速较大时，微流控燃料电池的最大功率密度大幅度增加，电解液向电极的传输速度对电池的性能影响较大。

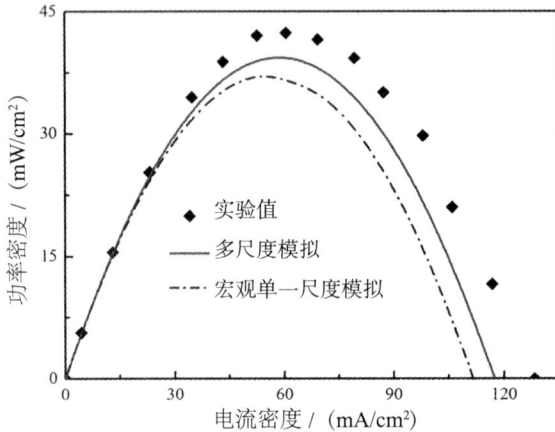

图 4.10　微流控燃料电池的功率密度曲线

虽然多尺度模拟结果与实验结果的拟合程度良好，但仍存在一定的误差。根据研究中所用到的多尺度模型，分析产生误差的原因主要有以下几个方面：

（1）在实验中，多孔碳电极的孔隙是各向异性的，孔径不均一[174]，而在本书的模型中，多孔碳电极是各向同性的，孔隙分布均匀，且孔径均一。

（2）在现实环境中，电池系统很难保持恒温，电池工作时会产生欧姆热，并且与外界环境之间存在热交换，而在多尺度模拟中，本书始终假设模型是恒温系统。

（3）在实验中，电化学氧化还原反应不仅仅是式（4.6）和式（4.7），还存在一些副反应，如在电池的正极可能发生如下副反应：

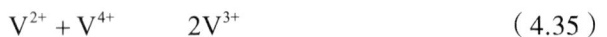

$$2V^{2+} + V^{5+} \qquad 3V^{3+} \qquad\qquad （4.33）$$

$$V^{3+} + V^{5+} \qquad 2V^{4+} \qquad\qquad （4.34）$$

$$V^{2+} + V^{4+} \qquad 2V^{3+} \qquad\qquad （4.35）$$

在电池的负极可能发生如下副反应：

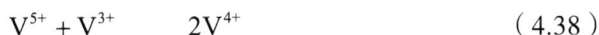

$$V^{5+} + 2V^{2+} \qquad 3V^{3+} \qquad\qquad （4.36）$$

$$V^{4+} + V^{2+} \qquad 2V^{3+} \qquad\qquad （4.37）$$

$$V^{5+} + V^{3+} \qquad 2V^{4+} \qquad\qquad （4.38）$$

在本书的多尺度模拟中，只考虑了主反应，上述副反应忽略不计。

（4）实验中的边界条件很难在模拟过程中完全体现。

4.3　本章小结

本章开发了适用于微流控燃料电池的分层多尺度模拟模型，并以全钒微流控电池为例，详述多尺度模型的算法，并计算电池的宏观性能，与相关实验文献测得的数值对比，以验证多尺度模型的正确性，并分析讨论误差产生的原因。在微流控燃料电池的模拟中，以钒离子扩散系数作为传递信息，在微观尺度计算钒离子的扩散系数，并将该结果代入介观尺度中，计算钒离子在多孔介质中的有效扩散系数；在宏观尺度中，将微观和介观尺度中的计算结果代入控制方程，通过流体动力学计算电池的宏观性能。结果表明，多尺度模拟相比于单一尺度宏观模拟，具有较高的精确度。

第 5 章　金属空气电池的多尺度模拟及实验研究

　　本章将建立适用于金属空气电池的多尺度模型，并以锂空气电池和铝空气电池为例，详细阐述模型的计算方法。在锂空气电池多尺度模拟研究中，本书将扩散系数作为连接微观尺度和宏观尺度的桥梁，分析计算电池的宏观性能。

　　在铝空气电池的研究中，先采用多尺度计算方法计算铝空气电池中用到的电解质溶液的电导率随碱性溶液质量分数的变化情况。在微观尺度和宏观尺度之间建立联系，以扩散系数作为传递信息，分析研究电解质溶液的电导率特性。在微观尺度，采用分子动力学模拟得到溶液中带电离子的运动轨迹，计算其均方位移，进而得到总体带电离子的扩散系数。在宏观尺度，根据所得的扩散系数，代入传统 Nernst-Einstein 方程计算电解质溶液的电导率，并与相关实验研究进行对比。在实验研究中，将分别采用铝合金 Al7475、Al2024 和纯铝作为阳极金属，制备凝胶电解质，并装配成金属空气电池。研究对比不同放电电流情况下，三种铝空气电池的放电情况。此外，针对金属阳极利用率低及析氢腐蚀问题，设计可分离式铝空气电池。

5.1　锂空气电池的多尺度模拟研究

5.1.1　多尺度计算模型

　　对于金属空气电池而言，参与反应的氧气在空气电极处的扩散效率对电池性能的影响至关重要。本章将开发适用于金属空气电池的多尺度计算模型。以锂空气电池为例，在微观尺度计算氧气在多孔电极中的扩散率，并将计算结果应用在宏观尺度中，计算电池的放电特性。锂空气电池的一维计算模型如图 5.1 所示，在空气电极和电解液之间存在隔膜。

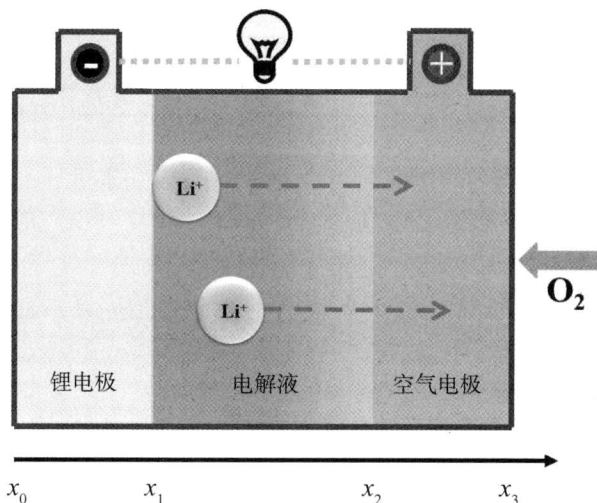

图 5.1　锂空气电池工作原理示意

锂空气电池的阳极和阴极电化学反应方程式如下 [175,176]：

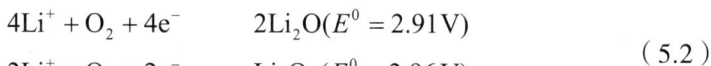

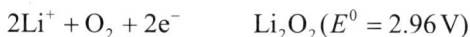

$$\text{Li} \qquad \text{Li}^+ + \text{e}^- \ (E^0 = 0\text{V}) \tag{5.1}$$

$$4\text{Li}^+ + \text{O}_2 + 4\text{e}^- \qquad 2\text{Li}_2\text{O}(E^0 = 2.91\text{V})$$
$$2\text{Li}^+ + \text{O}_2 + 2\text{e}^- \qquad \text{Li}_2\text{O}_2(E^0 = 2.96\text{V}) \tag{5.2}$$

1. 控制方程

在电化学反应中，反应物 Li^+ 和 O_2 的物质守恒方程为

$$\frac{\partial(\varepsilon C_i)}{\partial t} = -\nabla \cdot \boldsymbol{N}_i + S_i \tag{5.3}$$

式中：C_i 是反应物的本体浓度；ε 是空气电极的孔隙率；S_i 为反应物的源 / 汇项；N_i 为反应物的摩尔通量，可通过如下方程计算：

$$N_{\text{Li}^+} = -D_{\text{Li}^+,\text{eff}} \nabla C_{\text{Li}^+} + \frac{i_e t_+}{F}$$
$$N_{\text{O}_2} = -D_{\text{O}_2,\text{eff}} \nabla C_{\text{O}_2} \tag{5.4}$$

式中：$D_{\text{Li}^+,\text{eff}}$ 和 $D_{\text{O}_2,\text{eff}}$ 分别为 Li^+ 和 O_2 的有效扩散系数；F 为法拉第常

数；t_+ 为 Li^+ 迁移数；i_e 为离子电流密度，可通过离子电势梯度和迁移数得
到 [177,178]：

$$i_e = -\kappa_{eff}\nabla\phi_e - \frac{2RT\kappa_{eff}}{F}(1-t_+)\left(1+\frac{\partial\ln f}{\partial\ln C_{Li^+}}\right)\nabla\ln C_{Li^+} \tag{5.5}$$

式中：κ_{eff} 为有效离子导电率，可由 Bruggeman 方程得

$$\kappa_{eff} = \varepsilon^{brugg}\kappa \tag{5.6}$$

式中：$brugg = 1.5$。

电子电流密度 i_s 由电子在多孔碳电极中的传导决定，可通过下式计算：

$$i_s = -\sigma_{eff}\nabla\phi_s \tag{5.7}$$

上式中，有效电子传导率 σ_{eff} 可采用 Bruggeman 方程计算：

$$\sigma_{eff} = (1-\varepsilon)^{brugg}\sigma \tag{5.8}$$

在模拟系统中电荷守恒，因而：

$$\nabla i_e + \nabla i_s = 0 \tag{5.9}$$

在电池正极，根据巴特勒 – 沃尔默电极动力学方程，电流密度可写为

$$j_c = nF\left\{k_a C_{Li_2O_2,s}\exp\left[\frac{(1-\alpha)nF}{RT}\eta_c\right] - k_c(C_{Li^+,s})^2 C_{O^2,s}\exp\left(-\frac{\alpha nF}{RT}\eta_c\right)\right\} \tag{5.10}$$

式中：k、n 和 α 分别为反应率系数、电子数、传输系数。η_c 为阴极过电
势，可通过如下方程计算：

$$\eta_c = \phi_s - \phi_e - \phi_{ORR} - \Delta\phi_{Li_2O_2} \tag{5.11}$$

式中：ϕ_{ORR} 和 $\Delta\phi_{Li_2O_2}$ 分别表示阴极氧气还原反应（Oxygen Reduction
Reaction，ORR）的标准电势和 Li_2O_2 沉积层的电压损失。在电池负极，电
流密度的表达式为

$$j_a = i_0\left\{\exp\left[\frac{(1-\alpha)nF}{RT}\eta_a\right] - \exp\left(-\frac{\alpha nF}{RT}\eta_a\right)\right\} \tag{5.12}$$

式中：i_0 为阳极交换电流密度；η_a 为阳极过电势。文中所用具体参数如
表 5.1 所示。

表5.1　模拟参数

参　数	符　号	数　值	单　位	参考文献
隔膜厚度	L_C	5×10^{-5}	m	[13]
多孔碳电极厚度	L	7.5×10^{-4}	m	[179]
多孔碳电极粒子直径	r_c	25×10^{-9}	m	[14]
电解液浓度	C	1 000	mol/m³	[15]
温度	T	300	K	—
阳极交换电流密度	i_0	1	A/m²	[178]
阳极反应速率常数	k_a	1.11×10^{-15}	—	[178]
阴极反应速率常数	k_c	3.4×10^{-17}	—	[178]
Li⁺ 电导率	κ	1.085	S/m	[16]
Li⁺ 扩散系数	D_{Li^+}	2.11×10^{-9}	m²/s	[17]
Li⁺ 迁移数	t^+	0.259 4	—	[18]
$\partial \ln f / \partial \ln C_{\text{Li}}$	—	-1.03	—	[184]
传递系数	α	0.5	—	[19]
电解液浓度	C	1 000	mol/m³	[181]

2. 气体在空气电极中的扩散

在微观尺度，空气在多孔介质中的扩散传输可用如下方程表述[186]：

$$J_1 = -D_1 \nabla c_1 + X_1 \delta_1 J - X_1 r_1 \left(\frac{n B_0}{\mu} \right) \nabla p \qquad (5.13)$$

$$J_2 = -D_2 \nabla c_2 + X_2 \delta_2 J - X_2 r_2 \left(\frac{n B_0}{\mu} \right) \nabla p \qquad (5.14)$$

$$\delta_1 = 1 - r_1 = \frac{D_{1K}^{\text{eff}}}{D_{1K}^{\text{eff}} + D_{12}^{\text{eff}}}$$

$$\qquad (5.15)$$

$$\delta_2 = 1 - r_2 = \frac{D_{2K}^{\text{eff}}}{D_{2K}^{\text{eff}} + D_{12}^{\text{eff}}}$$

$$\frac{1}{D_1} = \frac{1}{D_{1K}^{\text{eff}}} + \frac{1}{D_{12}^{\text{eff}}}$$
$$\frac{1}{D_2} = \frac{1}{D_{2K}^{\text{eff}}} + \frac{1}{D_{12}^{\text{eff}}}$$
（5.16）

$$n_1 = \frac{p_1}{k_{\text{B}}T}$$
（5.17）

式中：标号 1 代表空气中的氧气，标号 2 代表空气中的氮气；J_1 和 J_2 分别代表 O_2 和 N_2 的气体通量，J 为整体通量；c_1 和 c_2 分别代表 O_2 和 N_2 的浓度；X_1 和 X_2 分别代表两种气体的摩尔比例；B_0 为渗透率；μ 为黏度；D_1 和 D_2 为两种气体的有效扩散系数；D_{12}^{eff} 为综合两种气体的有效扩散系数；r_1 和 r_2 为两种气体的 Knudsen 扩散系数；δ_1 和 δ_2 为两种气体分子的半径；p 为压力；T 为温度。在锂空气电池中，渗透率和黏度的比值 B_0 / μ 极小，且只有氧气的传输参与计算[186]，因此气体通量和扩散系数之间的关系可以简化为

$$J_1 = -\frac{D_{1K}^{\text{eff}} D_{12}^{\text{eff}}}{(D_{12}^{\text{eff}} + D_{1K}^{\text{eff}})k_{\text{B}}T} \nabla p_1 + \frac{D_{1K}^{\text{eff}} p_1}{(D_{12}^{\text{eff}} + D_{1K}^{\text{eff}})p} J_1$$
（5.18）

$$J_1 = \frac{i}{2F}$$
（5.19）

$$\frac{i\text{d}x}{2Fp} = \frac{-D_{12}^{\text{eff}} D_{1K}^{\text{eff}} \text{d}p_1}{(D_{1K}^{\text{eff}} + D_{12}^{\text{eff}})p - D_{1K}^{\text{eff}} p_1}$$
（5.20）

氧气在阴极发生还原反应，因此气体压力在阴极和电解液接触的界面处，气体压力 p_i 要小于外部气体压力。如图 5.1 所示，在 x_3 处，外部气体压力为 p_1，此时气体压力等于初始气体压力 p_0；在 x_2 处，电池内部气体压力设为 p_i。将方程（5.20）积分，可得如下方程：

$$D_{1K}^{\text{eff}} p_i = (D_{1K}^{\text{eff}} + D_{12}^{\text{eff}})p - [(D_{1K}^{\text{eff}} + D_{12}^{\text{eff}})p - D_{1K}^{\text{eff}} p_0]\exp(\frac{iRTl}{2FpD_{12}^{\text{eff}}})$$
（5.21）

式中：l 为 x_2 与 x_3 之间的距离；R 为普适气体常数。

理论努森有效扩散系数和本体有效扩散系数可表述为

$$D_{1K}^{\mathrm{eff}} = \frac{1}{3} a \sqrt{\frac{8RT}{\pi M_1}} \frac{V_v}{\tau} \tag{5.22}$$

$$D_{12}^{\mathrm{eff}} = \frac{0.001\,86 T^{\frac{3}{2}}}{p\sigma_{\mathrm{O_2-N_2}}^2 \Omega} \left(\frac{1}{M_1} + \frac{1}{M_2} \right)^{\frac{1}{2}} \frac{V_v}{\tau} \tag{5.23}$$

式中：a 为空气电极的孔径尺寸；M_1 和 M_2 分别为氧原子和氮原子的摩尔质量；$\sigma_{\mathrm{O_2-N_2}}$ 为两种分子的平均碰撞直径，$\sigma_{\mathrm{O_2-N_2}} = 3.632\,5\ \text{Å}$，$\Omega$ 为相间碰撞积分项，$\Omega = 0.925\,6$ [188]；V_v 为阴极孔隙度的体积分数；τ 为气道路径的曲折因子。

3. 条件假设

本文多尺度模拟是基于如下假设条件：

（1）空气扩散电极为均质多孔电极。

（2）$\mathrm{Li_2O_2}$ 是主要反应产物，且仅生成在多孔电极内部。

（3）当电流密度小于 0.2 mA/cm² [189] 时，模拟系统为等温环境，不考虑电池放电时产生的热效应。

（4）质量传输过程中的对流效应不考虑。

5.1.2　锂空气电池多尺度模拟结果及讨论

在空气扩散电极中，氧气的扩散可以通过努森有效扩散系数 D_{1K}^{eff} 和本体有效扩散系数 D_{12}^{eff} 来表征，定义 $r_{1K/12}$ 为努森扩散系数和本体扩散系数的比值，即 $r_{1K/12} = D_{1K}^{\mathrm{eff}} / D_{12}^{\mathrm{eff}}$。通过扩散系数的计算方程（5.22）和（5.23）可知，$r_{1K/12}$ 与系统的温度和空气电极的孔径有关。在 1 atm 大气压强条件下，$V_v = 0.2$、$\tau = 3$ 时，努森有效扩散系数和本体有效扩散系数的比值 $r_{1K/12}$ 随空气电极的孔径变化情况如图 5.2 所示。由图中可见，同一温度条件下，比率 $r_{1K/12}$ 随空气电极孔径的增大而线性增加，且温度越高，比率 $r_{1K/12}$ 的值越小。本节模拟的空气电极孔径范围为 10 nm ～ 10 μm，温度变化范围为 250 ～ 330 K，从比率 $r_{1K/12}$ 的曲线变化来看，比率 $r_{1K/12}$ 随空气电极孔径的变化更为明显，可见空气电极的孔径是影响扩散系数的主要因素。如图 5.2（b）所示，在纳米尺度的孔径中，比率 $r_{1K/12}$ 的变化范围是 $0.07 \sim 1$，可见此时的努森扩散系数 D_{1K}^{eff} 远小于本体有效扩散系数 D_{12}^{eff}。

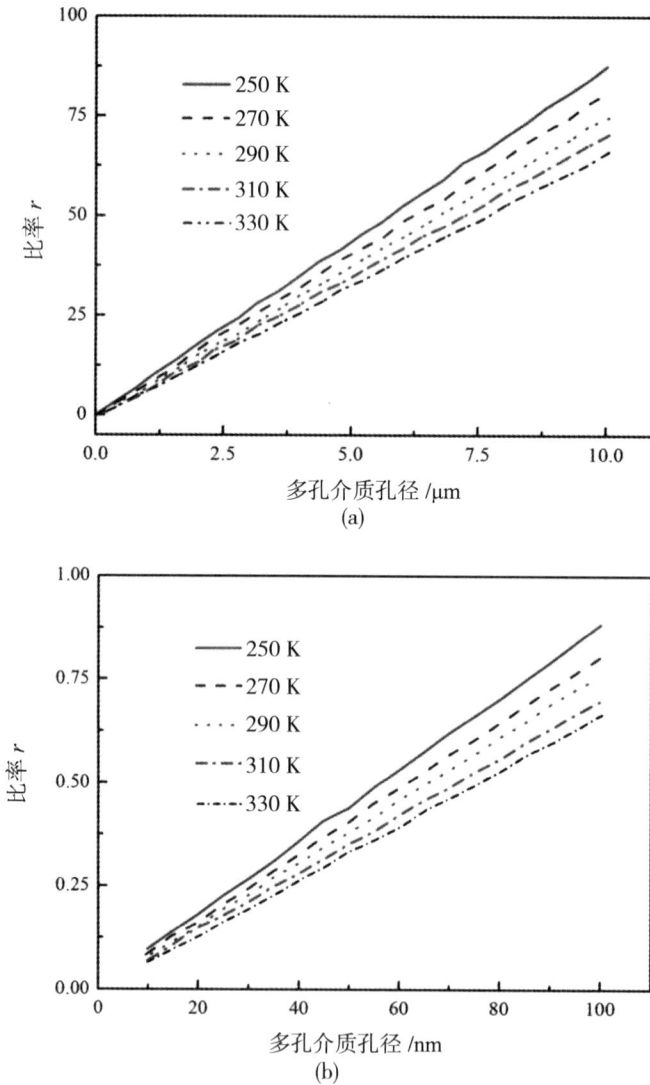

(a)

(b)

图 5.2　比率 $r_{1K/12}$ 随空气电极孔径的变化情况

以空气电极孔隙度 $\varepsilon = 0.73$ 、孔径为 $a = 10\,\mathrm{nm}$ 的情况为例，不同温度条件下，本体浓度的有效扩散系数 D_{12}^{eff} 的模拟计算结果如表 5.2 所示。

表 5.2　气体有效扩散系数计算结果（ $\varepsilon = 0.73$ ， $a = 10\mathrm{nm}$ ）

温度 / K	250	270	290	300	310	330
有效扩散系数 D_{12}^{eff} / （ $\times 10^{-10}\,\mathrm{m}^2/\mathrm{s}$ ）	4.522 1	5.075 4	5.649 7	5.944 4	6.244 1	6.858 0

在本章的研究中，以 $a = 10\,\mathrm{nm}$ 的情况为例，由于 $D_{1K}^{\mathrm{eff}} / D_{12}^{\mathrm{eff}} < 0.1$ ，因此努森有效扩散系数可以不考虑[190]。在 Giddey[190]、Borghei[191]、Xu[192] 等人的研究中均采用同样的处理方法，将微观尺度计算得到的有效扩散系数 D_{12}^{eff} 作为宏观模拟参数 $D_{\mathrm{O}_2,\mathrm{eff}}$ 代入宏观模型进行计算。当系统温度为 300 K 时，采用多尺度模拟方法计算锂空气电池的充放电曲线，如图 5.3 所示，图中实线为模拟计算的结果，点图和虚线为相关文献[194]中相同实验条件下的实验结果。图中锂空气电池首先以 0.1 mA/cm^2 的电流密度进行放电，由初始电压 3.4 V 迅速下降至 2.7 V，而后经过较宽的放电平台，电压逐渐下降至 2.4 V，相应的比容量为 722.9 mAh/g，此后恒电流继续充电至 4.2 V。在文献 [181] 和 [194] 所述的实验中，测得的有效放电电压为 2.5 ~ 2.7 V，与本节的模拟结果拟合良好。由于模拟过程中的计算模型包含理想假设条件，如空气扩散电极为均质多孔电极，模拟系统设为恒温系统等，固模拟过程中会产生一定误差。

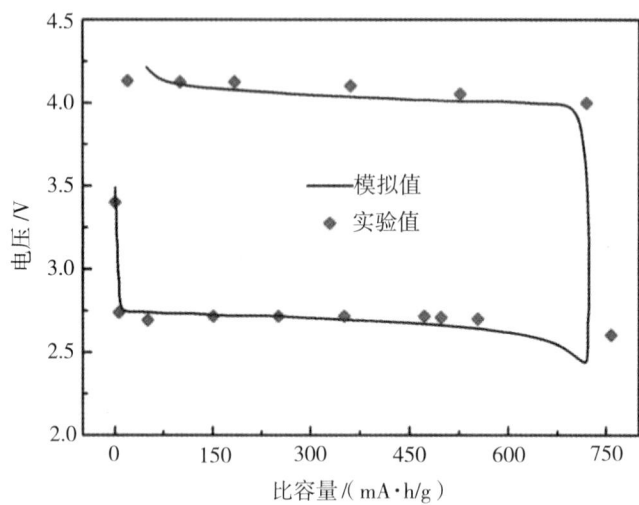

(a)

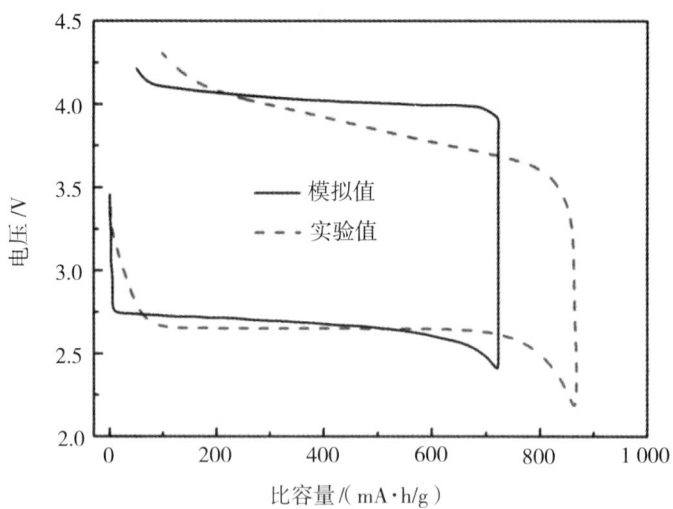

(b)

图 5.3　锂空气电池充放电曲线

5.2　铝空气电池电解质溶液导电率的多尺度模拟研究

5.2.1　分层多尺度模拟方法及系统模型

分层多尺度模拟，即在不同时间尺度和空间尺度上采用不同的模拟方法，通过传递参数，将微观、介观和宏观尺度有效地联系在一起，如图5.4所示。其中，时间跨度可以从飞秒（fs）、皮秒（ps）、纳秒（ns）、微秒（μs）、毫秒（ms）到秒（s），甚至小时（h），空间跨度可以从纳米（nm）、微米（μm）、毫米（mm）到厘米（cm），甚至米（m）。不同尺度模拟方法不同，常用的模拟方法包括量子力学、全原子模拟、分子动力学模拟、粗粒化模拟、耗散粒子动力学模拟、蒙特卡罗模拟、经验公式计算、计算流体动力学模拟等。

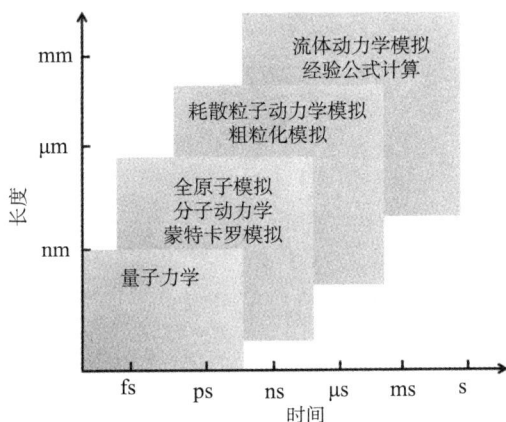

图 5.4　分层多尺度模拟示意图

金属空气电池的研究多采用碱性溶液电解质，其中最为常用的是 KOH 水溶液。在本节中，将以 KOH 水溶液为例，计算不同质量分数的 KOH 水溶液的电导率。在微观体系中，先采用全原子模拟计算 KOH 电解质水溶液中各组分粒子的扩散系数，而后将得到的扩散系数作为传递信息，在宏观尺度中通过线性响应理论，计算 KOH 电解质水溶液的电导率。

电解质水溶液的导电性可通过溶液中带电离子的扩散来体现，在系统中，带电离子和水分子由起始位置不停地移动，每个时间步所处的位置均不相同，以 $r_t(t)$ 表示粒子 i 的位置向量。溶液中粒子位移平方的平均值称为均方位移（Mean Square Displacement，MSD）[195~197]，即

$$\text{MSD}(t) = \left\langle [r_i(t) - r_i(0)]^2 \right\rangle \qquad (5.24)$$

式中：$\langle \ \rangle$ 为均值算符。根据爱因斯坦的扩散定律，有

$$\lim_{t\to\infty} \left\langle [r_i(t) - r_i(0)]^2 \right\rangle = 6Dt \qquad (5.25)$$

式中：D 为扩散系数。因此，扩散系数的计算原理可以整理为

$$D = \frac{1}{6N} \lim_{t\to\infty} \frac{\mathrm{d}}{\mathrm{d}t} \sum_{i=1}^{N} \left([r_i(t) - r_i(0)]^2\right) \qquad (5.26)$$

式中：N 是系统中扩散原子的数量。

根据微观尺度计算得到扩散系数，将该结果带入宏观体系中，引入线性响应理论[198]计算电解质水溶液的电导率：

$$\left\langle B \right\rangle_A = \frac{1}{k_\mathrm{B}T} \int_0^\infty \left\langle A(0)B(t) \right\rangle \mathrm{d}t \qquad (5.27)$$

式中：A 为由外加电场引发的扰动量；B 为电流值，可通过如下方程表达：

$$A = Er_i \qquad (5.28)$$

$$B = r_i \qquad (5.29)$$

其中，A 是张量，B 是矢量，E 为电场。考虑整个体系中带电粒子的运动规律，可将 A、B 转化为以下形式：

$$A = E\sum_i r_i q_i \qquad (5.30)$$

$$B = \sum_i r_i q_i \qquad (5.31)$$

式中：q_i 为带电粒子的电量，则 A、B 分别表示电场扰动能及电流，代入式（5.27），可得

$$\langle \boldsymbol{B} \rangle_A = \frac{1}{k_B T} \int_0^\infty \langle \dot{\boldsymbol{A}}(0) \boldsymbol{B}(t) \rangle \mathrm{d}t \qquad (5.32)$$

式中：$\dot{\boldsymbol{A}}(0)$ 是式（5.30）的微分式：

$$\dot{\boldsymbol{A}} = \frac{\mathrm{d}}{\mathrm{d}r_i} \boldsymbol{E} \sum_i r_i q_i = \boldsymbol{E} \sum_i q_i \qquad (5.33)$$

则式（5.32）可以写为

$$\langle \boldsymbol{B} \rangle_A = \frac{1}{k_B T} \int_0^\infty [\boldsymbol{E} \sum_i q_i \sum_i \boldsymbol{r}_i(t) q_i] \mathrm{d}t \qquad (5.34)$$

由溶液的电流密度定义 $\boldsymbol{j} = \boldsymbol{B} / V$，可得电导率的定义公式：

$$\boldsymbol{j} = \kappa \boldsymbol{E} \qquad (5.35)$$

根据格林－库珀公式，则电导率公式可写为

$$\kappa V \boldsymbol{E} = \frac{1}{k_B T} \int_0^\infty [\boldsymbol{E} \sum_i \boldsymbol{r}_i(t) q_i] \mathrm{d}t \qquad (5.36)$$

对上式进行积分，可得到等价的 Einstein 方程[199]：

$$\kappa = \lim_{t \to \infty} \frac{\mathrm{d}}{\mathrm{d}t} \frac{1}{6 k_B T V} \left\langle \left\{ \sum_i q_i [\boldsymbol{r}_i(t) - \boldsymbol{r}_i(0)] \right\}^2 \right\rangle \qquad (5.37)$$

式中：$\left\langle \left\{ \sum_i q_i [\boldsymbol{r}_i(t) - \boldsymbol{r}_i(0)] \right\}^2 \right\rangle$ 为系统内电荷均方位移 MSD。将扩散系数计算公式（5.26），与电导率计算公式（5.37）联立，可得

$$\kappa = \frac{N_i D_i q_i^2}{k_B T V} = \frac{\rho_i D_i q_i^2}{k_B T} \qquad (5.38)$$

式中：N_i 是粒子类别为 i 的粒子总数；ρ_i 为粒子浓度。电导率 κ 与扩散系数 D 之间的关系即为 Nernst–Einstein 关系[200]。

由于电解质溶液中同时带有正电荷和负电荷两种带电离子，电导率应为这两种带电离子扩散的电导率之和[201,202]：

$$\kappa = \frac{1}{k_B T} (\rho_+ D_+ q_+^2 + \rho_- D_- q_-^2) \qquad (5.39)$$

由于本节所研究的 KOH 水溶液中，阳离子 K^+ 和阴离子 OH^- 的电荷量和浓度均相等，因此公式（5.39）可以写为

$$\kappa = \frac{\rho_{KOH} e^2}{k_B T}(D_+ + D_-) \tag{5.40}$$

5.2.2　微观尺度电解质溶液的扩散系数模拟

在微观尺度下，采用全原子模型计算不同质量分数的 KOH 电解质水溶液中 K^+ 和 OH^- 离子的扩散系数，计算模型如图 5.5 所示（以 24%KOH 水溶液为例）。模拟盒子体积为 $V = L^3$，其中 $L = 20$ Å，三个方向均为周期性边界条件。采用 NVT 系综，即保持系统内粒子数、体积及温度恒定不变。由于计算模型中水分子的键角及键长的变化对带电离子的运动规律影响较小，因而本章中的水分子模型将采用刚性的 SPE/C 模型，忽略水分子的键角及键长的变化。模拟过程采用 Compass 力场，粒子间的相互作用采用 LJ 势能描述，带电粒子间的相互作用采用库仑势能模拟，表 5.3 中为 LJ 势能及库仑势能参数[203,204]。系统温度设为 298 K，时间步长为 1 fs（10^{-12}s），采用 Velocity–Verlet 算法计算粒子的运动规律，系统内各粒子的初始速度大小按照 Maxwell 分布取样，运动方向为随机取向，而后对速度进行重新标定，进行能量最小化使系统达到平衡。其中，平衡计算 200 ps，系统达到平衡后，继续计算 800 ps，每 200 帧进行一次取样分析。

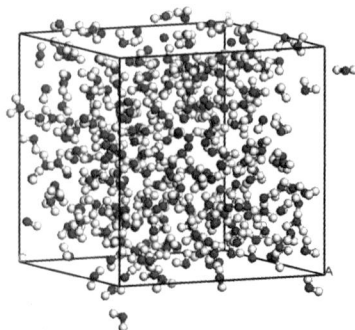

图 5.5　24%KOH 水溶液全原子计算模型

表 5.3　KOH 电解质水溶液中各组分粒子 LJ 势能及库仑势能参数

粒子类别		相对原子质量	电荷（e）	σ /Å	ε /（kJ/mol）
K⁺	K⁺	39.098	+1.0	3.250	0.521 6
OH⁻	O²⁻（OH⁻）	15.999	−1.082 5	3.169	0.650 2
	H⁺（OH⁻）	1.008	+0.082 5	—	—
H₂O	O²⁻（H₂O）	15.999	−0.847 6	3.169	0.650 2
	H⁺（H₂O）	1.008	+0.423 8	—	—

在室温条件下（25℃），先通过实验方法测得 KOH 电解质溶液的密度及摩尔浓度。在不同 KOH 质量分数（%）条件下，其溶液密度和摩尔浓度随质量分数的变化呈近似线性关系，如图 5.6 所示。

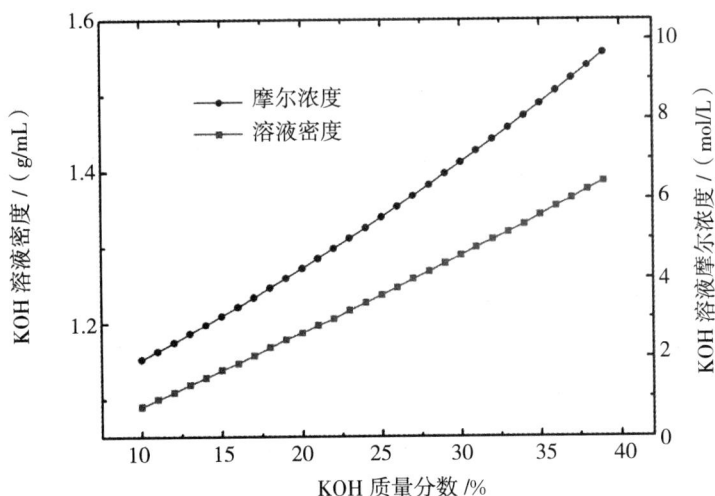

图 5.6　KOH 电解质溶液密度及摩尔浓度随质量分数变化曲线

将不同质量分数的 KOH 电解质溶液转化为全原子计算模型，在尺寸为 20Å³ 的模拟盒子中，水分子和 K⁺/OH⁻ 的数量根据实验测得的 KOH 质量分数而定。例如质量分数为 24% 的 KOH 溶液中，其密度为 1.227 g/cm³，浓度为 5.26 mol/L，则在模拟盒子中，H_2O 分子数为 250，K^+/OH^- 离子数为 25；质量分数为 36% 的 KOH 溶液中，其密度为 1.354 g/cm³，浓度为 8.7 mol/L，则在模拟盒子中，H_2O 分子数为 232，K^+/OH^- 离子数为 42。

　　本小节先从微观角度考虑，研究了 KOH 电解质溶液中各组分粒子的分布规律。径向分布函数（Radial Distribution Function，RDF），也称为对关联函数，即确定某种粒子的坐标，分析其他种类粒子与指定粒子距离为 r 的空间分布概率，通常以 $g_{i-j}(r)$ 表示。溶液中同种离子间，即 K^+–K^+ 和 OH^-–OH^- 离子间的径向分布函数如图 5.7 所示，其中 OH^- 以 O 原子的位置为准。从图中可以看出，在 $r < 3$Å 的区域，$g_{K^+-K^+}(r) = 0$，说明溶液中 K^+ 离子的间距均大于 3Å。在质量分数为 14% 的 KOH 溶液中，K^+–K^+ 的 RDF 曲线中第一个峰值大约出现在 4.5Å 位置，说明此时 K^+ 的平均间距为 4.5Å。随着 KOH 质量分数的增加，K^+ 的平均间距逐渐减小。在图 5.7（b）中，不同质量分数条件下，OH^- 的平均间距要小于 K^+ 平均间距，这是由于在电解质溶液中，OH^- 的静电排斥作用要弱于 K^+。K^+ 和 OH^- 的 RDF 曲线在 $g_{K^+-K^+}(r) = 1$ 的位置收敛，表明溶液中阴阳离子分布均匀。

　　在电解质溶液中，K^+ 和 OH^- 会与极性的水分子发生化学作用，形成水合离子，因而研究 K^+ 和 OH^- 与水分子之间的径向分布函数讨论其分布规律也极为重要，如图 5.8 所示。在水合作用的研究中，RDF 曲线的波峰位置极为重要 [206, 207]。图中曲线的第一个波峰位置即为离子与水分子的第一层水合膜位置，对应 K^+ 和 OH^- 分别位于 2.8Å 和 2.4Å 的位置。曲线的第二个波峰位置并不十分明显，在模拟的构象图中也没有形成明显的第二层水合膜。

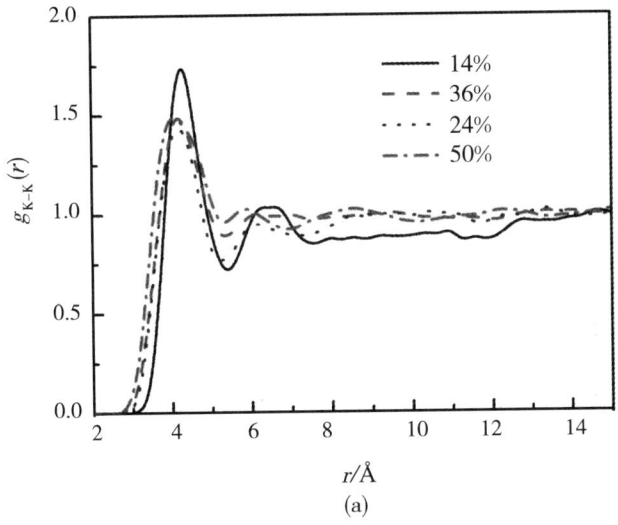

(a)

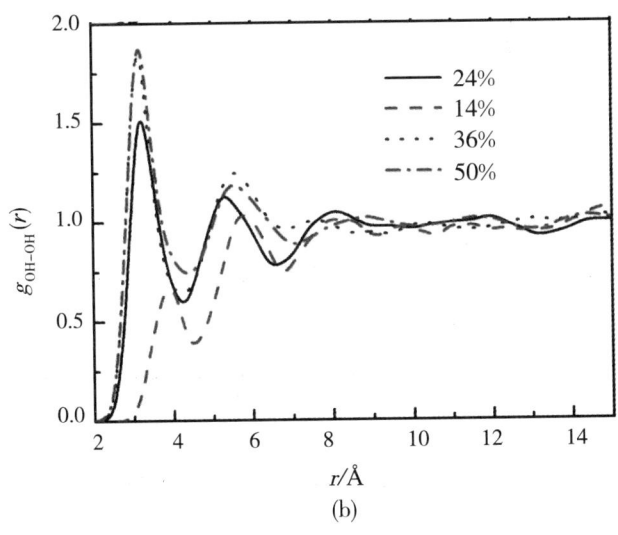

(b)

图 5.7　K⁺ –K⁺ 和 OH⁻ –OH⁻ 的径向分布函数

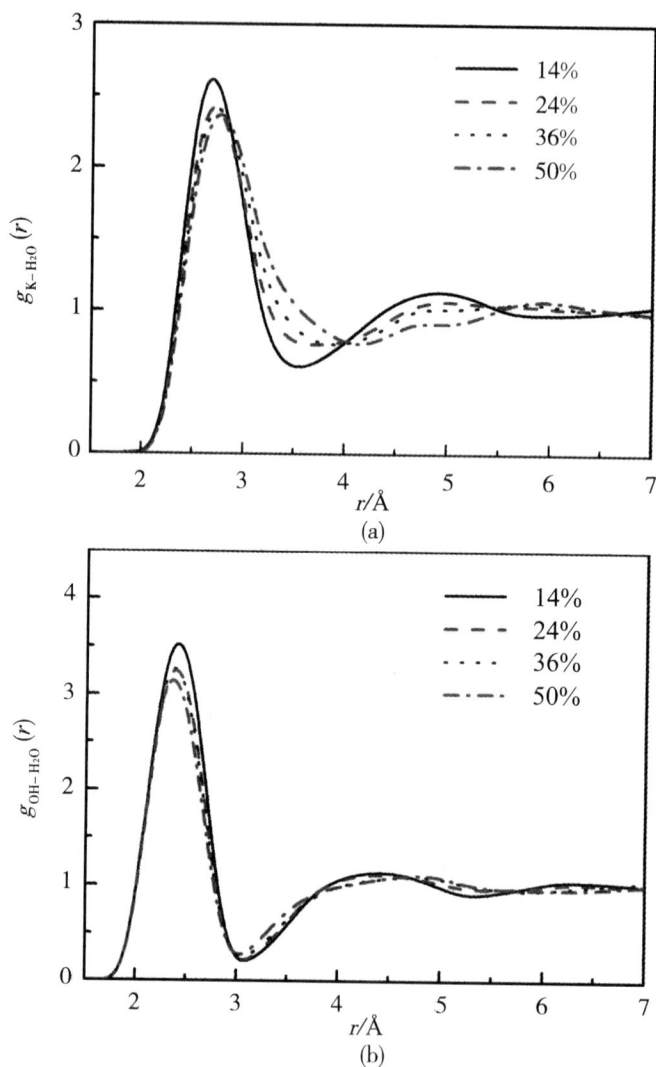

图 5.8　K$^+$–H$_2$O 和 OH$^-$–H$_2$O 的径向分布函数

　　此外，电解质溶液中 K$^+$ 和 OH$^-$ 存在很强的静电吸引作用，其径向分布函数如图 5.9 所示。在本节所研究的四种质量分数条件下，RDF 曲线均出现了两处峰值，甚至在质量分数较小的情况下（14%），可以明显观察到第三个峰值。RDF 曲线的第一个峰值出现在 $r = 2.3$Å 的位置，这说明 K$^+$ 和 OH$^-$

的联系极为紧密；第二个峰值出现在 $r = 4.5\text{Å}$ 的位置，进一步说明电解质溶液中 K^+ 和 OH^- 之间的结构稳定。

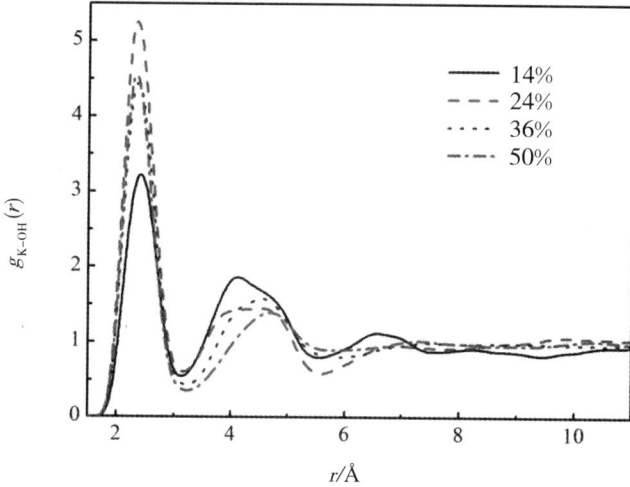

图 5.9　K^+–H_2O 和 OH^-–H_2O 的径向分布函数

根据 K^+–H_2O 和 OH^-–H_2O 的径向分布函数，可以计算 K^+ 和 OH^- 离子的水合数：

$$n_{i-H_2O} = \frac{4\pi N_{H_2O}}{V} \int_0^{r_{\min}} g_{i-H_2O}(r)r^2 \mathrm{d}r \quad （5.41）$$

式中：N_{H_2O} 为系统中水分子的总数；$r_{\min}$ 为径向分布函数曲线上第一个波谷的位置。根据上述公式，不同质量分数的 KOH 溶液中 K^+ 和 OH^- 的水合数如图 5.10 所示。从图中可见，不同浓度的电解质溶液中 K^+ 的水合数稳定在 7 附近，这是由于金属离子与水分子中的氧原子通过配位键易形成较为稳定的水合离子[208~210]。相比而言，OH^- 的水合数随 KOH 溶液质量分数的增加逐渐降低，这主要是基于两点，一是由于 KOH 浓度增加，OH^- 的静电作用增强，较强的静电作用会影响水合作用的稳定性；另外，水合氢氧根离子是 OH^- 与水分子中的 H^+ 通过氢键结合，需要破坏原有水分子的稳定性，因而 OH^- 的水合数要低于 K^+。

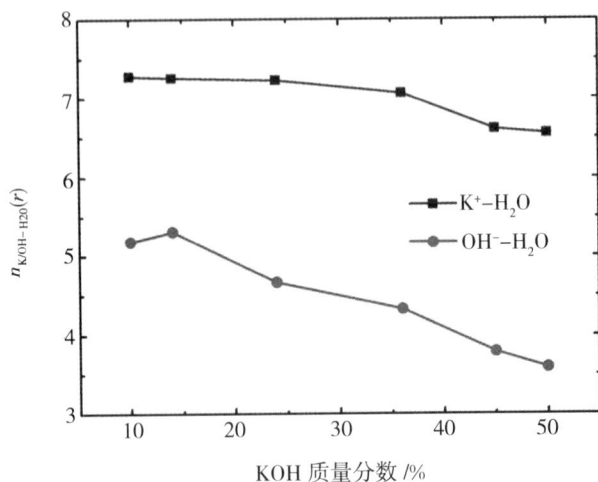

图 5.10　K+ 和 OH- 的水合数

同水合数的计算方法类似，根据 K+ 和 OH- 的径向分布函数曲线，计算了 K+ 和 OH- 的配位数，如图 5.11 所示，随着 KOH 质量分数的增加，K+ 和 OH- 的配位数近似线性增加。

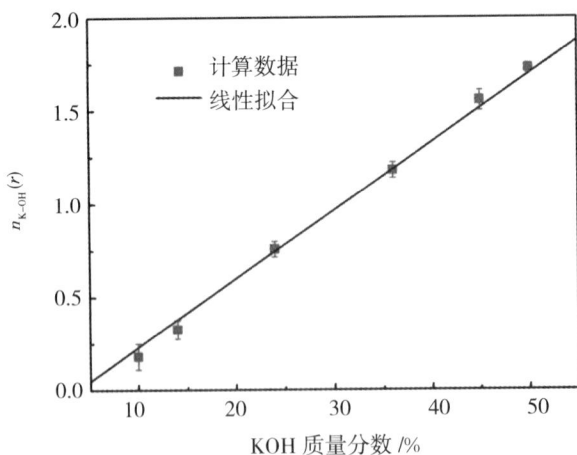

图 5.11　K+ 和 OH- 的配位数

在本节模拟中所研究的 KOH 电解质溶液质量分数范围为 1% ～ 50%。在不同质量分数条件下，KOH 溶液中的 K^+ 和 OH^- 的均方位移 MSD 随模拟时间的变化如图 5.12（a）和（b）所示，由图可知，K^+ 和 OH^- 的 MSD 值与模拟时间呈良好的线性关系，这说明 K^+ 和 OH^- 在溶液中的运动状态相对稳定，模拟达到平衡状态。另外，离子的扩散速度随 KOH 电解质溶液的质量分数的增加而降低，这是由于在同等大小的模拟盒子中，较高的 KOH 质量分数溶液含有较多的 K^+ 和 OH^-，其扩散速度必然降低。

(a)

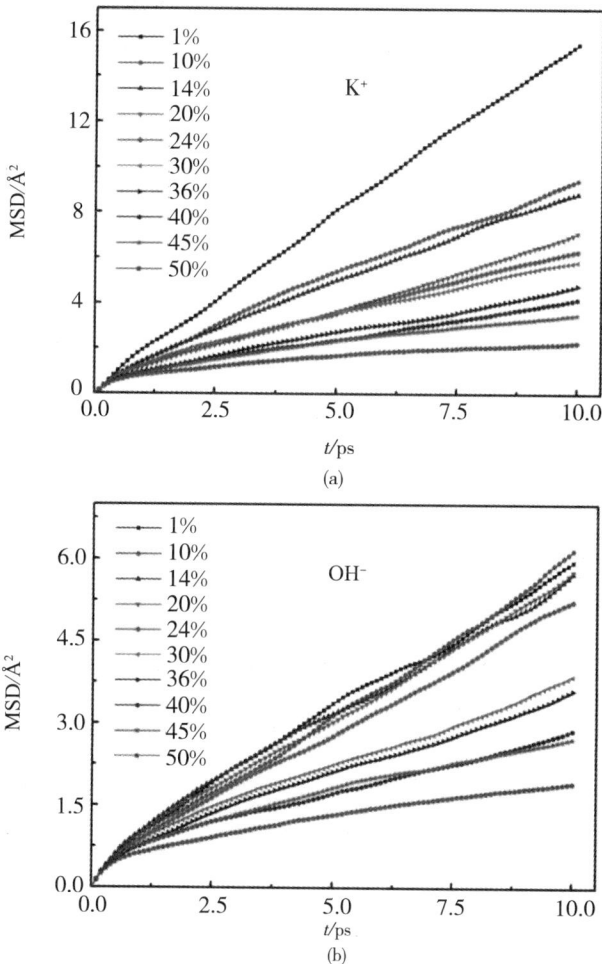

(b)

图 5.12　K^+ 和 OH^- 的 MSD 随模拟时间的变化曲线

在电解质溶液中，根据式（5.26）可知，离子的扩散系数 D 即为 MSD 曲线斜率的 1/6。在不同质量分数的 KOH 溶液中，计算得到的 K^+ 和 OH^- 的扩散系数如图 5.13 所示。从图中可以看出，K^+ 和 OH^- 的扩散系数均随 KOH 电解质溶液质量分数的增加而下降。当 KOH 溶液质量分数为 1% 时，溶液中只含有一组 K^+ 和 OH^-，此时的溶液为无限稀释溶液，扩散速率极高。另外，值得注意的是，在任何 KOH 质量分数条件下，K^+ 的扩散效率始终高于 OH^-，但是其扩散系数的差异随 KOH 质量分数的增加而减小，在较高质量分数的 KOH 电解质溶液中，两种离子的扩散系数曲线很相似。

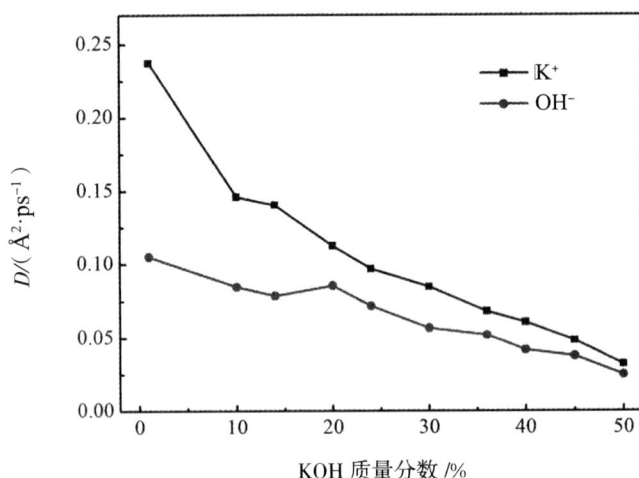

图 5.13　K^+ 和 OH^- 的扩散系数曲线

根据图 5.13，本书归纳整理了不同质量分数的 KOH 电解质溶液中，K^+ 和 OH^- 离子的扩散系数总和，即 $D_{total} = D_{K^+} + D_{OH^-}$，如表 5.4 所示，$K^+$ 和 OH^- 离子的扩散系数总和 D_{total} 随 KOH 质量分数的增加而逐渐降低。

表 5.4　不同 KOH 质量分数条件下 K^+ 和 OH^- 离子的扩散系数

扩散系数	质量分数 /%									
	1	10	14	20	24	30	36	40	45	50
D_{K^+}	0.237	0.146	0.14	0.113	0.097	0.085	0.068	0.061	0.048	0.032
D_{OH^-}	0.105	0.085	0.079	0.086	0.072	0.057	0.052	0.042	0.037	0.025
D_{total}	0.342	0.231	0.219	0.119	0.169	0.142	0.12	0.103	0.085	0.057

　　上面计算分析了 K^+ 和 OH^- 之间的配位数，根据配位数与 KOH 溶液质量分数的关系，可以得到溶液中离子总扩散系数 D_{total} 与离子间配位数的关系，如图 5.14 所示。随着离子配位数的增加，扩散系数 D_{total} 线性减少。这主要是由于在较高配位数的情况下，K^+ 和 OH^- 之间的距离更近，静电作用更强，从而导致离子扩散过程中受到静电吸引力的阻碍，限制了离子的扩散移动，因而扩散系数随之降低。

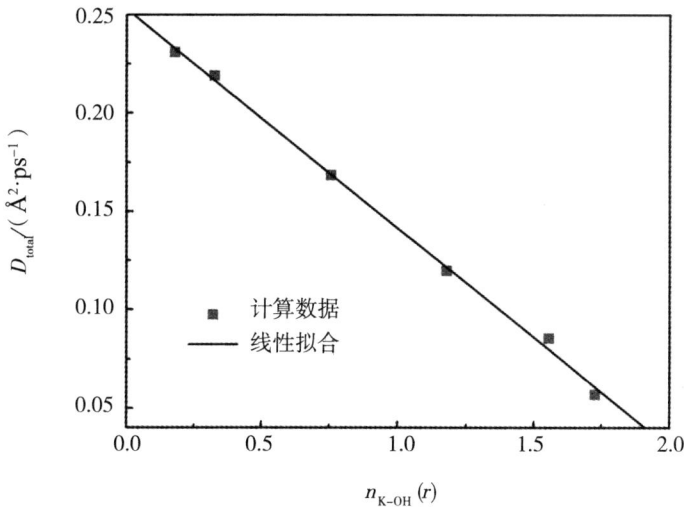

图 5.14　K^+ 和 OH^- 配位数与溶液中离子总扩散系数的关系

5.2.3　宏观尺度电解质电导率模拟

对于电导率 κ 的经验计算公式（5.40），可以根据 KOH 电解质溶液中 K^+ 和 OH^- 的扩散系数计算得到。为了计算方便，可将公式（5.40）改写为

$$\kappa = \frac{\rho_{\mathrm{KOH}} e^2}{k_{\mathrm{B}} T}(D_{\mathrm{K}^+} + D_{\mathrm{OH}^-}) = \frac{N_{\mathrm{KOH}} e^2}{k_{\mathrm{B}} T V}(D_{\mathrm{K}^+} + D_{\mathrm{OH}^-}) \qquad （5.42）$$

从上式中可以看出，电导率 κ 与电解质溶液中 KOH 的个数以及 K^+ 和 OH^- 的扩散系数总和 D_{total} 成正比：

$$\kappa \propto N_{\mathrm{KOH}} \cdot (D_{\mathrm{K}^+} + D_{\mathrm{OH}^-}) \qquad （5.43）$$

在本节的研究中，系统温度为 $T = 298\,\mathrm{K}$，玻耳兹曼常数为 $k_{\mathrm{B}} = 1.3807 \times 10^{-23}\,\mathrm{J \cdot K^{-1}}$，单位电荷所带电量为 $e = 1.602 \times 10^{-19}\,\mathrm{C}$，系统体积为 $V = (20\,\mathrm{A})^3 = 8 \times 10^{-21}\,\mathrm{cm}^3$，代入公式（5.42），可得到 KOH 电解质溶液的电导率，其随 KOH 溶液质量分数的变化情况如图 5.15 所示。从图中可以看到，电导率 κ 曲线随 KOH 溶液质量分数的增加呈现先上升后下降的趋势，在质量分数为 36% 时，电导率 κ 达到峰值。当 KOH 质量分数小于 36% 时，随着 KOH 质量分数的增加，溶液中带电离子 K^+ 和 OH^- 增多，电导率 κ 逐渐增加，但是当 KOH 质量分数达到 20% 时，溶液电导率 κ 的上升变得极为缓慢。当 KOH 质量分数大于 36% 时，溶液中带电离子相对拥挤，电导率 κ 随之下降。通过与实验结果对比可知，本节所采用的多尺度模拟方法，即微观尺度计算得到扩散系数，与采用经验公式计算而得的电导率随 KOH 电解质溶液质量分数的变化规律相同，进一步证实了本节计算模型的正确性，同时从微观层面证明了电解质溶液的电导率 κ 与溶液中带电离子的扩散率密切相关。

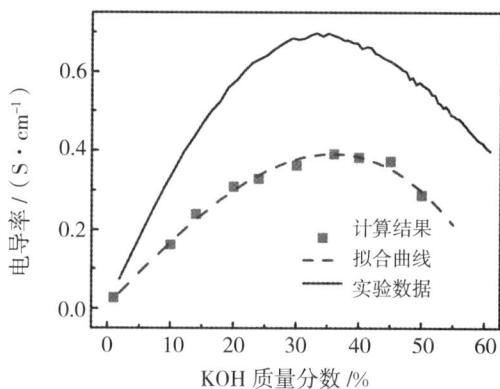

图 5.15　KOH 电解质溶液电导率 κ 随质量分数的变化情况

5.3　聚合物凝胶铝空气电池的制备方法

铝空气凝胶电池由金属阳极、多孔空气阴极和碱性固态凝胶电解质叠加构成，其结构如图 5.16 所示。

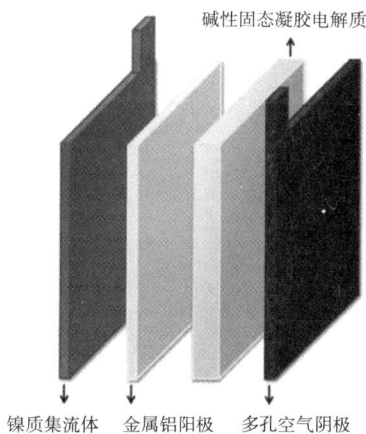

图 5.16　铝空气电池结构示意图

5.3.1 金属阳极制备方法

在本章的研究中，将分别采用三种金属阳极铝板：纯铝、Al7475、Al2024。其中，Al7475 属于 Al–Zn–Mg–Cu 合金系，Al2024 为 Al–Cu–Mg 合金系，上述合金的具体组成成分如表 5.5 所示。

表 5.5　铝合金成分组成质量分数 /%

铝合金	Si	Fe	Cu	Mn	Mg	Cr	Zn	Ti	其　他
Al7475	0.02	0.09	1.2	0.06	2.2	0.2	5.7	0.06	—
Al2024	0.06	0.13	4.4	0.6	1.5	0.1	0.25	0.15	—

先将纯铝 / 铝合金板用 400 ～ 1 200 目砂纸将表面打磨光亮，然后将其浸入 1 mol/L 的 KOH 溶液中 1 min 去除铝板表面氧化层。取出后用蒸馏水冲洗铝板表面，并用滤纸吸干铝板表面的水分。再将铝板剪裁成面积为 40 mm×30 mm 的矩形，并将其与集流体（泡沫镍）固定在一起，如图 5.17 所示。

图 5.17　金属铝阳极

5.3.2　多孔空气阴极的制备方法

制备多孔空气电极所需材料包括导电材料活性炭、乙炔黑（均购自沈阳科晶）；催化剂材料氧化镧 La$_2$O$_3$、氧化锶 SrO、二氧化锰 MnO$_2$（均购自天津福晨）；黏结剂聚偏氟乙烯（Poly Vinylidene Fluoride，PVDF）（购自沈阳科晶）；有机溶剂 N- 甲基 -2- 吡咯烷酮（N-methyl-2-pyrrolidone，NMP）（购自国药集团，Sinopharm Chemical Reagent Co., Ltd.），上述所有材料均为分析纯（Analytical Reagent，AR）级别。

将导电材料及催化剂按照如下比例的质量分数混合：活性炭 70%、乙炔黑 10%、MnO$_2$ 10%、La$_2$O$_3$ 2%、SrO 2%，而后加入与乙炔黑等量的黏结剂 PVDF，将上述粉末状材料研磨 10 min 直至混合均匀。向上述粉末中加入有机溶剂 NMP，使溶液浓度达到 25 g/mL，采用超声振荡仪振荡 30 min 形成稳定的悬浊液。在泡沫镍上均匀涂抹含有电极材料的膏状悬浊液，而后在室温条件下静置干燥，使泡沫镍与电极材料紧密结合。有机溶剂 NMP 在静置过程中会不断挥发，在电极内部形成多孔结构。在 8 MPa 压力下冷压成型。经过冷压后的多孔电极表面光滑平整，能够更好地与电解质充分接触。制备完成的空气电极如图 5.18 所示。

图 5.18　制备完成的空气电极

5.3.3 碱性固态凝胶电解质制备方法

制备碱性固态凝胶电解质的材料包括氢氧化钾 KOH、氧化锌 ZnO、丙烯酸、亚甲基双丙烯酰胺、过硫酸钾 $K_2S_2O_8$，均为分析纯级别，购自国药集团。在室温下可通过溶液涂膜固化成型方法制备碱性固态凝胶电解质，其详细制备方法如下。

1. 制备 KOH 水溶液

根据本章 5.2 节的研究结论，质量分数为 36% 的 KOH 水溶液的电导率最高，因而在本节的研究中，将配置 50 g、KOH 含量为 36% 的 KOH 凝胶电解质。首先将 18 g KOH 粉末溶于 26 g 蒸馏水中，而后加入 0.6 g ZnO，在超声振荡仪中水浴振荡 10 min，得到澄清溶液，该溶液在 25℃时呈强碱性，pH 约为 14.3。在溶液中加入少量 ZnO，使其附着在阳极金属表面，起到抑制铝电极析氢腐蚀的作用 [211,212]。

2. 制备 PAA 聚合物溶液

取 3 g 丙烯酸 AA，加入 0.5 g 交联剂 MBA，充分搅拌，使其完全溶解并混合均匀。

3. 制备聚合物引发剂溶液

取适量聚合物引发剂 $K_2S_2O_8$ 溶于蒸馏水中，配置质量分数为 16% 的 $K_2S_2O_8$ 水溶液。

4. 制备固态凝胶电解质

将步骤 1 和 2 中制备的 KOH 水溶液与聚合物溶液混合，混合后的溶液呈淡黄色，用滤纸过滤混合后的溶液至均匀、透明。将过滤后的溶液倒入玻璃平皿中，控制液体层厚度为 3 mm[213]，向其中加入步骤 3 中制备的 2 g 引发剂 $K_2S_2O_8$ 溶液，并快速搅拌，使混合溶液由淡黄色变成无色透明溶液。在室温条件下静置 5 min，至丙烯酸充分聚合，无色透明溶液将变成固态凝胶电解质，如图 5.19 所示。固化后的电解质的厚度与混合溶液相同，仍为 3 mm，且可独立静置在基板上，具备良好的定型能力。将固态电解质置于 4 MPa 压力下检测，凝胶电解质并无液体析出，说明其具备良好的机械性能。

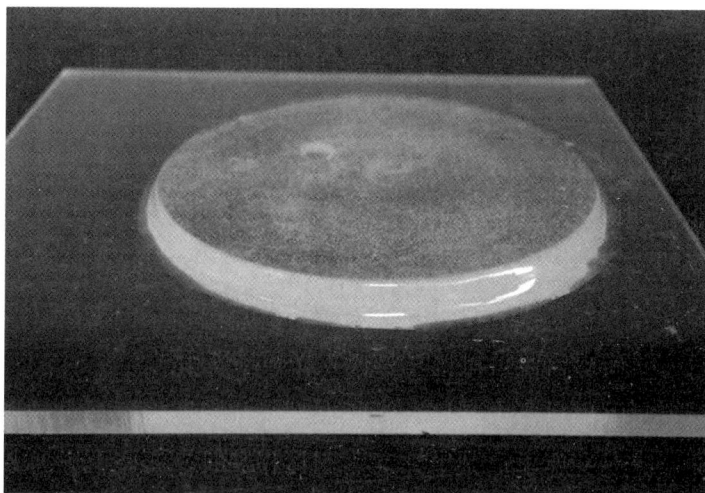

图 5.19　固态凝胶电解质

5.3.4　放电性能测试

为了检测铝空气凝胶电池的性能，本节针对纯铝、铝合金 Al7475 和 Al2024 三种金属阳极的电池进行恒电流放电实验，实验设备为深圳新威科技有限公司型号为 Neware BTS-5V3A 的电池测试系统，制备完成的金属空气电池如图 5.20 所示。电流放电密度在 0.7 ～ 3.7 mA/cm² 范围内变化。当电流密度为 0.7 mA/cm² 时，三种电池放电过程如图 5.21 所示。从图中可见，所用金属阳极不同，放电曲线差异明显。三者相比，Al2024 放电时间最长，可达 6.1 h，其容量密度为 242 mA·h/g。Al7475 放电时间约为 5.8 h，其容量密度可达 228 mA·h/g。

图 5.20　制备完成的金属空气电池

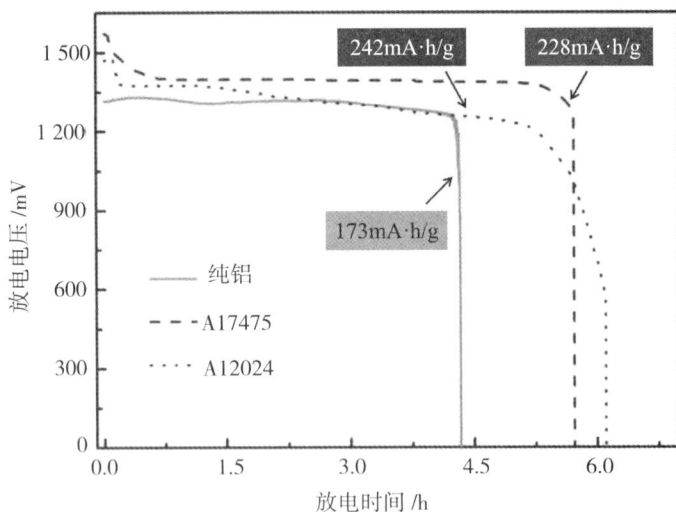

图 5.21　电流密度为 0.7 mA/cm² 时，铝电池恒电流放电曲线

　　而纯铝和铝合金 Al2024 和 Al7475 相比，放电电压较低，放电时间较短，约为 4.3 h，电池容量密度为 173 mA·h/g。在 Al2024 中，金属元素 Cu 的含量为 4.5%，且其标准电极电势为 0.34 V，低于金属 Al 的标准电极电势，因此含

Cu 较多的 Al2024 的放电电压低于 Al7475。另外，Al7475 相比于 Al2024，放电过程中电压较为稳定，这是由于 Al2024 中 Si 和 Fe 的含量较多。研究发现，金属铝中含有 Si 或 Fe，易在铝合金表面形成金属间化合物[214]，能够加速 Al 的腐蚀。低电流放电时，纯铝的容量密度较低，约为 173 mA·h/g，这是由于在放电过程中，纯铝金属的析氢腐蚀率相比铝合金较高。

当电流密度为 1.6 mA/cm² 时，铝电池的恒电流放电曲线如图 5.22 所示，不同金属电极对电池的影响更为明显。纯金属铝电极在较高放电电流情况下，其性能优于 Al2024。Al2024 的放电电压较低，放电时间较短，约为 1.93 h，其容量密度仅为 176 mA·h/g。这是由于在较高的电流密度情况下，放电过程中，铝合金 Al2024 中较高的金属 Cu 含量加速了金属电极表面的杂质的生成。Al7475 放电时间较长，约为 3.4 h，其容量密度较高，为 316 mA·h/g。在铝合金 Al7475 中，金属 Zn 和 Mg 的含量较高，在碱性电解质中，金属 Mg 极易形成 Mg(OH)$_2$，而金属 Zn 易形成锌酸盐，因此其杂质层厚度远小于金属电极 Al2024 表面的杂质层。纯金属铝电极在较高放电电流情况下，其性能优于 Al2024。

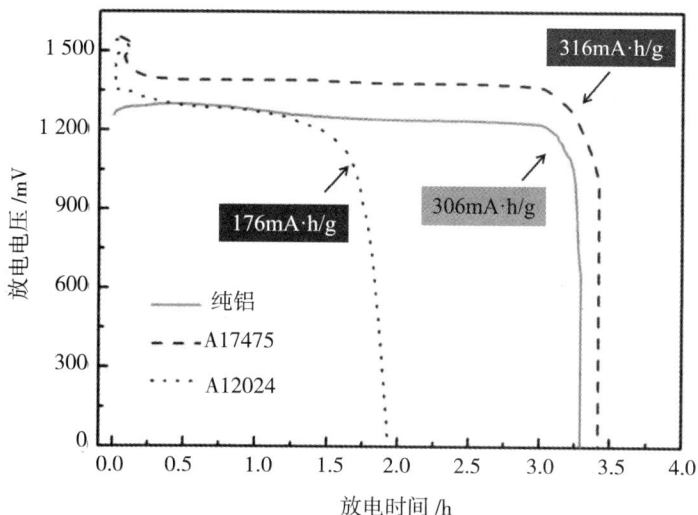

图 5.22　铝电池恒电流放电曲线

5.4　分离式铝空气凝胶电池的设计方案

目前，铝空气电池存在的主要问题在于电解质会渗透多孔空气电极形成泄漏，以及金属电极在电解质中迅速腐蚀失效，同时放出氢气。电解质泄漏可以通过制备凝胶电解质得到改善，从根本上杜绝传统铝空气电池可能发生的泄漏问题。针对金属电极腐蚀析氢，本书提出一种分离式铝空气凝胶电池设计方案，以减少金属电极不必要的消耗，提高金属电极的利用率，图 5.23 为设计方案示意图。在阳极支架中镶嵌有电池阳极铝板与集流体，阳极支架边缘设有滑块，可与电池壳体内壁导轨嵌合。阳极支架中心位置设有控制杆，可伸出电池壳体外部，通过外力作用可以实现铝阳极和聚合物凝胶电解质的接合。在电池工作状态下，凝胶电解质和金属阳极接触，组成金属空气电池回路对外放电；当电池处于搁置状态时，凝胶电解质和铝阳极分离，可避免金属电极自放电腐蚀。凝胶电解质和阳极铝板为可替换件，在电池放电过程中消耗殆尽后可机械式替换，快速恢复电力。

为了测试分离式铝空气电池设计方案的可行性，进行了间歇式放电实验。以阳极金属为 Al7475 的情况为例，放电电流密度为 3.2 mA/cm²，间歇式放电曲线如图 5.24 所示，其中电流为负值，表示放电电流。实验过程中，设定每次持续放电 0.5 h，且两次放电间隔 0.5 h。可分离铝空气电池在搁置状态下铝阳极与凝胶电解质保持分离状态，放电时金属阳极与电解质接触。作为对比试验，未分离铝空气电池在实验过程中，金属阳极与凝胶电解质始终保持接合状态。从图 5.24 中可知，未分离铝空气电池在放电过程中电压下降速度明显高于可分离式铝空气电池。由此可见，本节设计的可分离式铝空气电池能够有效避免电池搁置时产生的自放电现象，有效提高金属阳极的利用效率。

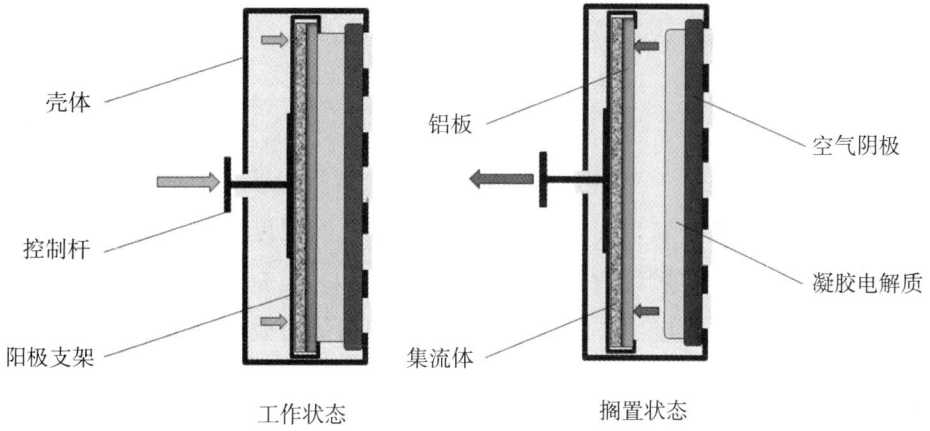

图 5.23　可分离式铝空气电池

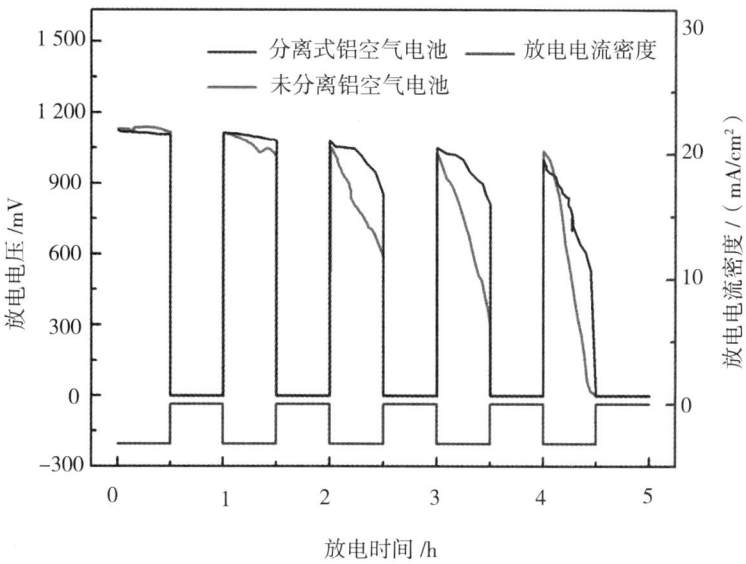

图 5.24　间歇式放电实验曲线

5.5　本章小结

本章建立了适用于金属空气电池的多尺度模型，首先以锂空气电池为例，计算电池的宏观性能，与相关实验文献测得的实验结果对比，以验证多尺度模型的正确性。在金属空气电池的模拟中，在微观尺度，计算空气中氧气在多孔介质中的有效扩散系数，分别讨论了温度和多孔介质孔径对有效扩散系数的影响。在宏观尺度中，将微观尺度计算而得的有效扩散系数代入控制方程，进而计算锂空气电池的宏观性能。与文献的实验结果对比，充放电曲线的趋势一致。

在铝空气电池的研究中，本书采用分层多尺度模拟方法研究了 KOH 电解质溶液的电导率与溶液质量分数的关系。在微观尺度内，通过建立 KOH 全原子计算模型，研究分析溶液内各组分粒子的径向分布函数 RDF，计算其运动轨迹，得到带电离子均方位移 MSD 和扩散系数。在宏观尺度内，根据微观尺度计算得到的扩散系数，代入 Nernst-Einstein 方程，求得 KOH 电解质溶液的电导率。研究发现，溶液的电导率随 KOH 的质量分数先升高后下降，当 KOH 质量分数为 36% 时，溶液的电导率达到最高点，与实验结果一致。

在实验研究中，本书首先制备了铝空气碱性凝胶电池。采用具有一定机械强度且化学性能稳定的凝胶电解质，从根本上解决了液态电解质水溶液的泄漏问题。本书分别采用纯铝、铝合金 Al7475 和 Al2024 作为电池的金属阳极，并对其进行放电性能测试，以进行对比分析。当放电电流密度为 0.7 mA/cm² 时，Al2024 电池的容量密度可达 242 mA·h/g，放电时间可达 6.1 h。由于 Al7475 中含有较多的 Si 和 Fe 元素，Al7475 在恒电流放电过程中电压较稳定。这两种铝合金空气电池在低电流放电时性能优于纯铝空气电池。当放电电流密度为 1.6 mA/cm² 时，三者相比，Al7475 放电电压较高，放电时间最长，容量密度可达 316 mA·h/g。由于 Al2024 中较高的 Cu 含量加速了电极表面杂质的生成，放电时间较短，其容量密度仅为 176 mA·h/g，相比之下，纯铝空气电池性能优于 Al2024。

此外，本书设计了一种可分离式铝空气电池方案，可以有效抑制铝空气电池在搁置时自腐蚀放电现象，减少析氢反应。以 Al7475 作为电池阳极为例，通过 0.5 h 间歇式放电实验表明，可分离式铝空气电池可以有效保护电池可用容量，减少不必要的金属析氢腐蚀。

第 6 章　全书总结

6.1 研究工作总结

本书得到了国家自然科学基金项目的资助，属于该项目多尺度模拟部分的研究内容之一。本书针对微纳流和电池的各种多尺度模拟方法进行了研究，详细讨论了连续 – 粒子耦合算法和参数传递算法，研究了分子动力学、耗散粒子动力学与有限元等宏观模拟方法结合的多尺度模拟方法。本书内容不仅对微流控和电池多尺度现象的分子水平的认识具有学术价值，也为微流控系统和电池多尺度设计软件的开发奠定了坚实的基础，研究成果对其他领域的多尺度模拟也具有参考价值。全书研究工作总结如下：

（1）本书采用连续 – 粒子耦合算法多尺度模拟微纳流动的过程中，连续区域与粒子区域通过重叠区进行信息交换。不同的耦合算法对重叠区域的划分方法千差万别，本书将重叠区划分为 P → C 层、缓冲层和 C → P 层共三层。本书采用约束力学方法实现 C → P 区的信息交换，可以将连续区域的速度边界条件强加在粒子区域上。本书在不同的子域采用了不同的数值计算方法，这种混合求解的方法来自区域分解算法的思想。本书采用的区域分解算法是重叠型的 Schwarz 交替方法。研究表明：缓冲层中的粒子对不同区域间的信息交换不起作用，但是缓冲区的宽度对耦合算法的收敛性影响很大。Couette流粒子 – 连续耦合多尺度模拟结果表明：模拟结果的正确性不仅与 C → P 区域网格的划分有关，还与周期方向的厚度有关。网格划分越密，C → P 区域附近的粒子密度波动越大，出现类似于固壁边界附近的粒子分层分布现象。已经发表的文献中并没有提到过类似的现象。由于 C → P 区域中的粒子存在方向性的速度波动，大量的粒子不断地从 C → P 区域中进出，导致这种分层分布的区域比固壁附近更宽。模拟过程中需要尽可能减少耦合区域及附近的粒子密度波动，因为粒子密度波动越小，模拟的结果越精确。

（2）本书应用耗散粒子动力学 – 连续耦合多尺度方法模拟了微纳流动，

研究了 C → P 区域网格大小及剪切率对流体流动特性的影响规律，还研究了边壁移动速度对粒子热运动的影响。本书采用分子动力学 – 连续耦合多尺度方法模拟了微纳流体振动流，讨论了振动频率对流体流动特性的影响。本书没有采用非平衡分子动力学处理振动问题的边界，而是直接将连续 – 粒子耦合算法中的约束动力学方法应用到边界上。本书模拟了三种振动频率下的振动对粒子速度、密度和应力的影响。

（3）本书采用粒子 – 粒子（Particle–Particle）/粒子 – 网格（Particle–Mesh）算法（简称 PPPM 算法）模拟了聚合物对纳米通道的影响，讨论了不同接枝密度情况下，纳米通道内聚合物单体密度径向分布曲线和反粒子密度径向分布曲线，有外力施加和无外力施加条件下，聚合物链的平均高度随接枝密度的变化情况。本书模拟了中性瓶型聚合物刷对纳米通道的影响以及接枝密度对中性瓶型聚合物构象的影响，讨论了瓶型聚合物刷的平均高度随接枝密度的变化情况，侧链长度对中性瓶型聚合物构象的影响规律。本书研究了聚合物刷修饰流道表面的纳流的多尺度模拟方法，在微观尺度采用分子动力学方法计算流道内靠近壁面的滑移长度，并将滑移长度应用到介观尺度计算，研究了不同剪切率和聚合物接枝数量对流体流动的影响。研究表明，增大剪切率，流体黏度减小，壁面附近滑移长度增大，流道中心处流体速度、流量明显增加。

（4）本书开发了适用于微流控燃料电池的分层多尺度模型和模拟方法。以全钒微流控电池模拟为例，将钒离子扩散系数作为多尺度模拟传递信息，在微观尺度计算钒离子的扩散系数，并将该结果代入介观尺度中，计算钒离子在多孔介质中的有效扩散系数，在宏观尺度中，将微观和介观尺度中的计算结果代入控制方程，通过流体动力学计算电池的宏观性能。模拟的性能与相关文献实验测得的数据一致，验证了本书多尺度模型的准确性。多尺度模拟计算精度高于单一尺度的宏观模拟结果，误差减小，显示出多尺度模拟的优越性。

（5）本书研究了适用于金属空气电池的多尺度模型和模拟方法。以锂金属空气电池的模拟为例，在微观尺度计算空气中氧气在多孔介质中的有效扩散系数，分别讨论了温度和多孔介质孔径对有效扩散系数的影响。在宏观尺度中，将微观尺度计算而得的有效扩散系数代入控制方程，进而计算锂金属空气电池的宏观性能。多尺度模拟结果与相关文献的实验结果拟合程度良好。

（6）本书研究了金属空气电池中电解质溶液导电率的多尺度模拟方法。采用分层多尺度方法研究了 KOH 电解质溶液的电导率与溶液质量分数的关系。在微观尺度内，通过建立 KOH 全原子计算模型，研究分析了溶液内各组分粒子的径向分布函数 RDF，计算其运动轨迹，得到带电离子均方位移 MSD，计算不同质量分数的 KOH 电解质溶液中 K^+ 和 OH^- 的扩散系数。在宏观尺度内，根据微观尺度计算得到的扩散系数，代入 Nernst-Einstein 方程，求得 KOH 电解质溶液的电导率。通过与实验结果对比可知，本书所采用的多尺度模拟方法，即微观尺度计算得到扩散系数，而后采用经验公式计算而得的电导率随 KOH 电解质溶液质量分数的变化规律与实验研究相同，进一步证实了本书计算模型的准确性，同时从微观层面证明了电解质溶液的电导率与溶液中带电离子的扩散率密切相关。

（7）本书实验对比了纯铝、铝合金 Al7475 和 Al2024 三种材料作为空气电池金属阳极的放电性能。当放电电流密度为 0.7 mA/cm² 时，Al2024 电池容量密度可达 242 mA·h/g，放电时间可达 6.1 h。由于 Al7475 中含有较多的 Si 和 Fe 元素，Al7475 在恒电流放电过程中电压较稳定。这两种铝合金空气电池在低电流放电时性能优于纯铝空气电池。当放电电流密度为 1.6 mA/cm² 时，三者相比，Al7475 放电电压较高，放电时间最长，容量密度可达 316 mA·h/g。由于 Al2024 中较高的 Cu 含量加速了电极表面杂质的生成，放电时间较短，其容量密度仅为 176 mA·h/g。相比之下，纯铝空气电池的性能优于 Al2024。

（8）本书设计了一种可分离式铝空气电池方案，可以有效抑制铝空气电池在搁置时的自腐蚀放电现象，减少析氢反应。本书以 Al7475 作为电池阳极为例，通过 30 min 间歇式放电实验证实，可分离式铝空气电池可以有效保护电池的可用容量，提高金属阳极的使用效率，也从根本上解决了液态电解质水溶液的泄漏问题。

6.2 创新点

（1）建立了微流控燃料电池多尺度模拟模型，提出了相应的分层多尺度模拟方法，将扩散系数作为多尺度模拟传递信息，模拟结果与实验结果拟合性良好，且精确度高于单一尺度模拟。

（2）提出了聚合物刷修饰流道表面的纳流的多尺度模拟方法。在微观尺度采用分子动力学方法计算聚合物刷修饰流道内靠近壁面的滑移长度，并将滑移长度代入宏观计算流体动力学模型进行流动计算。

（3）提出了一种电解质溶液导电率的多尺度模拟方法，在微观尺度采用 KOH 全原子分子动力学模拟，计算溶液内各组分粒子的径向分布函数 RDF，得到带电离子均方位移 MSD 和扩散系数，代入宏观尺度 Nernst–Einstein 方程，求得 KOH 电解质溶液的电导率。

（4）发明了一种可分离式铝空气电池的设计方案，并获得了国家发明专利授权。

6.3 后续工作展望

（1）本书的电解质溶液导电率模拟采用的是全原子模拟，计算时间长，虽然预测趋势一致，但与实验数据仍然有误差。微纳流多尺度模拟过程中也遇到不收敛的问题，规律比较复杂，全凭经验，理论上还解释得不清楚。多尺度模拟方法远没有成熟，特别是分子模拟的参数如何传递给宏观模型，到目前为止仍然没有统一的方式。因此，多尺度模拟方法的后续研究题目还很多。

（2）铝空气电池显示了广阔的应用前景，但离实际应用仍然路途遥远。本书的多尺度模拟只针对电解质溶液的导电率，这只是最简单的碱性电解质，不像锂空气电池已得到充分研究，铝空气电池的各种电解质材料还处在开发阶段，缺乏多尺度模拟的必要数据。因此，本书未对铝空气电池的性能进行多尺度模拟。随着铝空气电池材料的开发，今后必然发展铝空气电池的多尺度模拟模型。本书只在实验室测试了铝空气电池的样机，今后应该进一步解决铝空气电池的电极和催化材料问题，设计可以装在电动车上的大型铝空气电池。

参 考 文 献

[1] 陈天殷. 铝空气电池——电动车辆电源革命性的突破 [J]. 汽车电器, 2014(12): 4–7.

[2] 日本住友电工. 研发多孔铝电动车电池容量增三倍 [J]. 黑龙江科技信息, 2011(26): I0001.

[3] 铝空气电池: 为电动汽车增程 3000 公里 [J]. 实用汽车技术, 2014(6): 73.

[4] 张昭. 全固态聚合物铝空气电池研究 [D]. 长春: 吉林大学, 2014.

[5] 林建忠. 微纳流动理论及应用 [M]. 北京: 科学出版社, 2010.

[6] 高明峰. 钒微流控燃料电池的数值模拟研究 [D]. 长春: 吉林大学, 2012.

[7] 冀封. 微流控多尺度现象研究 [D]. 长春: 吉林大学, 2008.

[8] 史铁林, 钟飞, 何涛. 微机电系统及其应用 [J]. 湖北工业大学学报, 2005, 20(5): 1–5.

[9] 丛辉, 王惠民, 王跃国. 微流控芯片技术及应用展望 [J]. 现代检验医学杂志, 2005, 20(1): 88–89.

[10] 王斯炎. 微流控芯片在非小细胞肺癌耐药性研究中的应用 [D]. 大连: 大连医科大学, 2008.

[11] 杨大勇, 刘莹. 微通道中电渗流滑移现象的数值模拟 [J]. 润滑与密封, 2010, 35(5): 18–21.

[12] 何国威, 夏蒙棼, 柯孚久, 等. 多尺度耦合现象: 挑战和机遇 [J]. 自然科学进展, 2004, 14(2):121–124.

[13] 孙西芝, 陈时锦, 程凯. 基于多尺度仿真方法的单晶铝纳米切削过程研究 [J].

南京理工大学学报, 2008, 32(2): 144–148.

[14] 杨小江. 单晶铜纳米接触过程分子动力学及多尺度模拟研究 [D]. 昆明: 昆明理工大学, 2014.

[15] 张廼龙, 郭小明. 多尺度模拟与计算研究进展 [J]. 计算力学学报, 2011, 28(B04): 1–5.

[16] DELGADO–BUSCALIONI R, COVENEY P V. Continuum–particle hybrid coupling for mass, momentum, and energy transfers in unsteady fluid flow [J]. Physical Review E, 2003, 67(4): 118–126.

[17] O'CONNELL S T, THOMPSON P A. Molecular dynamics–continuum hybrid computations. A tool for studying complex fluid flow [J]. Physical Review E, 1995, 52(6): 5792–5795.

[18] LIU M B, LIU G R, ZhOU L W. Dissipative particle dynamics （DPD）: an overview and recent developments [J]. Archives of Computational Methods in Engineering, 2015, 22(4): 529–556.

[19] 贺红伟. PEM 燃料电池内聚电解质及质子传导研究 [D]. 长春: 吉林大学, 2011.

[20] LI Y, GENG X, OUYANG J. A hybrid multiscale dissipative particle dynamics method coupling particle and continuum for complex fluid [J]. Microfluid Nanofluid, 2015, 19(4): 941–952.

[21] GAD–EL–HAK M. Gas and liquid transport at the microscale [J]. Heat Transfer Engineering, 2006, 27(4): 13–29.

[22] NIE X B, CHEN S Y, ROBBINS M O, et al. A continuum and molecular dynamics hybrid method for micro– and nano–fluid flow [J]. Journal of Fluid Mechanics, 2004, 500: 55–64.

[23] NIE X B, CHEN S Y, ROBBINS M O. Hybrid continuum–atomistic simulation of singular corner flow [J]. Physics of Fluids, 2004, 16(10): 3579–3591.

[24] NIE X B, ROBBINS M O, CHEN S Y. Resolving singular forces in cavity flow: multiscale modeling from atomic to millimeter scales [J]. Physical Review Letters, 2006, 96(13): 134501.

[25] LIU J, NIE X, ROBBINS M O. A continuum–atomistic simulation of heat transfer in micro– and nano–flows [J]. Journal of Computational Physics, 2007(227): 279–291.

[26] YEN T H, SOONG C Y, TZENG P Y. Hybrid molecular dynamics–continuum simulation for nano/mesoscale channel flows [J]. Microfluidics and Nanofluidics, 2007(3): 665–675.

[27] HADJICONSTANTINOU N G, PATERA A T. Heterogeneous atomistic–continuum representations for dense fluid systems [J]. International Journal of Modern Physics C, 1997, 8(4): 967–976.

[28] WERDER T, WALTHER J H, KOUMOUTSAKOS P. Hybrid atomistic–continuum method for the simulation of dense fluid flows [J]. Journal of Computational Physics, 2005, 205(1): 373–390.

[29] FLEKKOY E G, WAGNER G, FEDER J. Hybrid model for combined particle and continuum dynamics [J]. Europhysics Letters, 2000, 52(3): 271–276.

[30] DELGADO BUSCALIONI R, FLEKKOY E G, COVENEY P V. Fluctuations and continuity in particle–continuum hybrid simulations of unsteady flows based on flux–exchange [J]. Europhysics Letters, 2005, 69(6): 959–965.

[31] DELGADO BUSCALIONI R, COVENEY P V. USHER: An algorithm for particle insertion in dense fluids [J]. Journal of Chemical Physics, 2003, 119(2): 978–987.

[32] DELGADO BUSCALIONI R, COVENEY P V. Structure of a tethered polymer under flow using molecular dynamics and hybrid molecular–continuum simulations [J]. Physica A–Statistical Mechanics and Its Applications, 2006, 362(1): 30–35.

[33] FLEKKOY E G, DELGADO BUSCALIONI R, COVENEY P V. Flux boundary

conditions in particle simulations [J]. Physical Review E, 2005, 72(2): 026703.

[34] HANSEN J S. OTTESEN J T. Molecular dynamics simulations of oscillatory flows in microfluidic channels [J]. Microfluidics and Nanofluidics, 2006, 2(4): 301–307.

[35] KHARE R, DE PABLO J J, YETHIRAJ A. Molecular simulation and continuum mechanics investigation of viscoelastic properties of fluids confined to molecularly thin films [J]. Journal of Chemical Physics, 2001, 114(17): 7593–7601.

[36] EVANS D J. Rheological properties of simple fluids by computer simulation [J]. Physical Review A, 1981, 23(4): 1988–1997.

[37] MORRISS G P, EVANS D J. Viscoelasticity in two dimensions [J]. Physical Review A, 1985, 32(4): 2425–2430.

[38] KOMATSUGAWA H, NOSE S. Nonequilibrium molecular dynamics simulations of oscillatory sliding motion in a colloidal suspension system [J]. Physical Review E, 1995, 51(6): 5944–5953.

[39] KOMATSUGAWA H, NOSE S. Nonequilibrium structural changes of a viscoelastic liquid under oscillatory shear: a molecular dynamics study [J]. Physical Review E, 1996, 53(3): 2588–2594.

[40] ASHURST W T, HOOVER W G. Dense–fluid shear viscosity via nonequilibrium molecular dynamics [J]. Physical Review A, 1975, 11(2): 658–678.

[41] THOMPSON P A, ROBBINS M O. Shear flow near solids: epitaxial order and flow boundary conditions [J]. Physical Review A, 1990, 41(12): 6830–6834.

[42] THOMPSON P A, GREST G S, ROBBINS M O. Phase transitions and universal dynamics in confined films [J]. Physical Review Letters, 1992, 68(23): 3448–3451.

[43] TROZZI C, CICCOTTI G. Stationary nonequilibrium states by molecular dynamics. II. Newton's law [J]. Physical Review A, 1984, 29(2): 916.

[44] BITSANIS I, MAGDA J J, TIRRELL M, et al. Molecular dynamics of flow in micropores [J]. The Journal of Chemical Physics, 1987, 87(3): 1733–1750.

[45] 王晓雯. 聚电解质在固－液界面上的行为 [D]. 合肥：中国科学技术大学，2014.

[46] 顾国芳, 安普杰. 聚合物刷子的合成及应用 [J]. 高分子材料科学与工程，2003, 19(3): 1–5.

[47] ZHAO B, BRITTAIN W J. Polymer brushes: surface–immobilized macromolecules [J]. Progress in Polymer Science, 2000, 25(5): 677–710.

[48] PYUN J, KOWALEWSKI T, MATYJASZEWSKI K. Synthesis of polymer brushes using atom transfer radical polymerization [J]. Macromolecular. Rapid Communications, 2003, 24(18): 1043–1059.

[49] EDMONDSON S, OSBORNE V L, HUCK W T S. Polymer brushes via surface–initiated polymerizations [J]. Chemical Society Review, 2004, 33(16): 14–22.

[50] 金桥, 徐建平, 计剑, 等. 由平面合成聚合物刷——表面引发原子转移自由基聚合研究进展 [J]. 高分子通报，2006(5): 1–6.

[51] 马军, 李海燕, 王明. 刺激响应型聚合物刷的研究进展 [J]. 高分子通报，2012(2): 37–47.

[52] CHUN P W. Thermodynamic molecular switch in biological systems [J]. International Journal of Quantum Chemistry, 2000, 80(6): 1181–1198.

[53] 姜鸿基, 张金龙. pH 响应性蓝光聚合物分子刷的合成与表征 [J]. 高分子学报，2015(11): 1313–1321.

[54] FELIX J P, BUGIANESI R M, SCHMALHOFER W A, et al. Identification and biochemical characterization of a novel nortriterpene inhibitor of the human lymphocyte voltage–gated potassium channel, Kv1.3 [J]. Biochemistry, 1999, 38(16): 4922–4930.

[55] 张舟. 聚合物纳米流体的自组装及构象行为研究 [D]. 长春：吉林大学，2012.

[56] RAVIV U, GIASSON S, KAMPF N, et al. Lubrication by charged polymers [J]. Nature, 2003, 425(6594): 163–165.

[57] 魏强兵, 蔡美荣, 周峰. 表面接枝聚合物刷与仿生水润滑研究进展 [J]. 高分子学报, 2012(10): 1102–1107.

[58] SAMOKHINA L, SCHRINNER M, BALLAUFF M. Binding of oppositely charged surfactants to spherical polyelectrolyte brushes: a study by cryogenic transmission electron microscopy [J]. Langmuir, 2007, 23(7): 3615–3619.

[59] 何素贞, 吴晨旭. 蛋白质和带电聚合物刷吸附行为的分子动力学模拟 [J]. 厦门大学学报 (自然科学版), 2014, 53(3): 313–317.

[60] ZHOU F, SHU W M, WELLAND M E, et al. Highly reversible and multi–stage cantilever actuation driven by polyelectrolyte brushes [J]. Journal of America Chemistry Society, 2006, 128(16): 5326–5327.

[61] 邓明格 . 蠕虫链及聚电解质高分子计算机模拟研究 [D]. 合肥: 中国科学技术大学, 2012.

[62] BORISOV O V, LEERMAKERS F A M, FLEER G J, et al. Polyelectrolytes tethered to a similarly charged surface [J]. Chemical. Physics, 2001, 114(17): 7700–7712.

[63] ZHULINA E B, BORISOV O V, vAN MALE J, et al. Adsorption of tethered polyelectrolytes onto oppositely charged solid–liquid interfaces [J]. Langmuir, 2001, 17(4): 1277–1293.

[64] PHILIP P. Colloid stabilization with grafted polyelectrolytes [J]. Macromolecules, 1991, 24(10): 2912–2919.

[65] CSAJKA F S, NETZ R R, SEIDEL C. Collapse of polyelectrolyte brushes: Scaling theory and simulations [J]. European Physical Journal E, 2001, 4(4): 505–513.

[66] NAP R, GONG P, SZLEIFER I J. Weak polyelectrolytes tethered to surfaces: effectof geometry, acid – base equilibrium and electrical permittivity [J]. Polymer. Science, Part B, 2006, 44(18): 2638–2662.

[67] Gong P, Genzer J, Szleifer I. Phase behavior and charge regulation of weak polyelectrolyte grafted layers [J]. Physical Review Letters, 2007, 98(1): 018302.

[68] 何贵丽. 聚合物刷的分子动力学模拟 [D]. 厦门: 厦门大学, 2008.

[69] SAARIAGHO M, SUBBOTIN A, IKKALA O, et al. Comb copolymer cylindrical brushes containing semiflexible side chains: a Monte Carlo study [J]. Macromolecular Rapid Communications, 2015, 21(2): 110-115.

[70] HSU H P, PAUL W, BINDER K. Structure of bottle-brush polymers in solution: a Monte Carlo test of models for the scattering function [J]. The Journal of Chemical Physics, 2008, 129(20): 974-977.

[71] ADIGA S P, BRENNER D W. Flow control through polymer-grafted smart nanofluidic channels: molecular dynamics simulations [J]. Nano Letters, 2005, 5(5): 2509-2514.

[72] DIMITROV D I, ANDREY M, KURT B, et al. Structure of polymer brushes in cylindrical tubes: a molecular dynamics simulation [J]. Macromolecular Theory & Simulations, 2010, 15(7): 573-583.

[73] CHENG L S, CAO D P. Designing a thermo-switchable channel for nanofluidic controllable transportation [J]. Acs Nano, 2011, 5(2): 1102-1108.

[74] NIKOS H, MARINOS P, HERMIS I, et al. The strength of the macromonomer strategy for complex macromolecular architecture: molecular characterization, properties and applications of polymacromonomers [J]. Macromolecular Rapid Communications, 2010, 24(17): 979-1013.

[75] SHEIKO S S, SUMERLIN B S, MATYJASZEWSKI K. Cylindrical molecular brushes: synthesis, characterization, and properties [J]. Progress in Polymer Science, 2008, 33(7): 759-785.

[76] LIENKAMP K, NOE L, BRENIAUX M H, et al. Synthesis and characterization of end-functionalized cylindrical polyelectrolyte brushes from poly(styrene sulfonate)[J]. Macromolecules, 2007, 40(7): 2486-2502.

[77] PAPAGIANNOPOULOS A, FERNYHOUGH C M, WAIGH T A, et al. Scattering study of the structure of polystyrene sulfonate comb polyelectrolytes in solution [J]. Macromolecular Chemistry and Physics, 2008, 209(24): 2475-2486.

[78] LI C M, GUNARI N, FISEHER K, et al. New perspectives for the design of molecular actuators: thermally induced collapse of single macromolecules from cylindrical brushes to spheres [J]. Angewandte Chemie–International Edition, 2010, 43(9): 1101–1104.

[79] YEH I C, BERKOWITZ M L. Ewald summation for systems with slab geometry [J]. Journal of Chemical Physics, 1999, 111(7): 3155–3162.

[80] FISCHER K, SCHMIDT M. Solvent–induced length variation of cylindrical brushes [J]. Macromolecular Rapid Communications, 2001, 22(10): 787–791.

[81] HELLMANN M, WEISS M, HEERMANN D W. Monte Carlo simulations reveal the straightening of an end–grafted flexible chain with a rigid side chain [J]. Physical Review E, 2007, 76(2): 62–85.

[82] CAO Q Q, ZUO C, LI L, et al. Conformational behavior of bottle–brush polyelectrolytes with charged and neutral side chains [J]. Macromolecular Theory and Simulations, 2010, 19(6): 298–308.

[83] 程昀, 李劼, 贾明, 等 . 锂离子电池多尺度数值模型的应用现状及发展前景 [J]. 物理学报, 2015, 64(21): 137–152.

[84] COUENNE F, EBERARD D, et al. Multi–scale distributed parameter model of an adsorption column using a bond graph approach [J]. Computer Aided Chemical Engineering, 2005, 20: 625–630.

[85] VLACHOS D G, MHADESHWAR A B, KAISARE N S. Hierarchical multiscale modelbased design of experiments, catalysts, and reactors for fuel processing [J]. Computers & Chemical Engineering, 2006, 30(10): 1712–1724.

[86] GODDARD I W, MERINOV B, DUIN A, et al. Multi–paradigm multi–scale simulations for fuel cell catalysts and membranes [J]. Molecular Simulation, 2006, 32(3): 251–268.

[87] CHEN J M, SARMA L S, CHEN C H, et al. Multi–scale dispersion in fuel cell anode catalysts: role of TiO_2 towards achieving nanostructured materials [J].

Journal of Power Sources, 2006, 159(1): 29–33.

[88] FRANCO A A, SCHOTT P, JALLUT C, et al. A multi–scale dynamic mechanistic model for the transient analysis of PEFCs [J]. Fuel Cells, 2007, 7(2): 99–117.

[89] KIM J H, LIU W K, LEE C. Multi–scale solid oxide fuel cell materials modeling [J]. Computational Mechanics, 2009, 44(5): 683–703.

[90] 陈代芬. 固体氧化物燃料电池性能的微结构理论与多尺度多物理场模拟[D]. 合肥: 中国科学技术大学, 2010.

[91] ISMAGILOV R F, STROOK A D, Kenis P J A, et al. Experimental and theoretical scaling laws for transverse diffusive broadening in two–phase laminar flows in microchannels [J]. Applied Physics Letters, 2000, 76(17): 2376–2378.

[92] COHEN J L, VOLPE D J, WESTLY D A, et al. A Dual Electrolyte H2/O2Planar Membraneless Microchannel Fuel Cell System with Open Circuit Potentials in Excess of 1.4 V [J]. Langmuir, 2005, 21(8): 3544–3550.

[93] KAMIL S S. Membraneless microfluidic fuel cells [D]. Metro Phoenix: Arizona State University, 2010.

[94] KJEANG E, DJILALI N, SINTON D. Microfluidic fuel cells: a review [J]. Journal of Power Sources, 2009, 186(2): 353–369.

[95] CHOBAN E R, SPENDELOW J S, GANES L, et al. Membraneless laminar flow–based micro fuel cells operating in alkaline, acidic, and acidic/alkaline media [J]. Electrochimical Acta, 2005, 50(27): 5390–5398.

[96] CHOBAN E R, WASZCZUK P, KENIS P J A. Characterization of limiting factors in laminar flow–based membraneless microfuel cells [J]. Electrochemical Solid State Letters, 2005, 8(7): A348–A352.

[97] JAYASHREE R S, EGAS D, SPENDELOW J S, et al. Air–breathing laminar flow–based direct methanol fuel cell with alkaline electrolyte[J]. Electrochemical Solid State Letters, 2006, 9(5): A252–A256.

[98] MITROVSKI S M, NUZZO R G. A passive microfluidic hydrogen-air fuel cell with exceptional stability and high performance [J]. Lab Chip, 2006, 6(3): 353–361.

[99] COHEN J L, WESTLY D A, PECHENIK A, et al. Fabrication and preliminary testing of a planar membraneless microchannel fuel cell [J]. Joural of Power Sources, 2005, 139(1–2): 96–105.

[100] FERRIGNO R, STROOCK A D, CLARK T D, et al. Membraneless vanadium redox fuel cell using laminar flow [J]. Journal of the America Chemical Society, 2002, 124(44): 12930–12931.

[101] KJEANG E, MCKECHNIE J, SINTON D, et al. Planar and three–dimensional microfluidic fuel cell architectures based on graphite rod electrodes [J]. Joural of Power Sources, 2007, 168(2): 941–943.

[102] KJEANG E, PROCTOR B T, BROLO A G, et al. High–performance microfluidic vanadium redox fuel cell [J]. Electrochim Acta, 2007, 52(15): 4942–4946.

[103] D é ctor A, ESQUIVEL J P, Gonz á lez K J, et al. Formic acid microfluidic fuel cell evaluation in different oxidant conditions [J]. Electrochim Acta, 2013, 92(1): 31–35.

[104] HASEGAWA S, SHIMOTANI K, KISHI K, et al. Electricity generation from decomposition of hydrogen peroxide, electrochem [J]. Solid State Lett, 2005, 8(2): A119–A121.

[105] KJEANG E, MICHEL R, HARRINGTON D A, et al. A microfluidic fuel cell with flow–through porous electrodes [J]. Journal of the America Chemical Society, 2008, 130(12): 4000–4006.

[106] LEE J W, HONG J K, KJEANG E. Electrochemical characteristics of vanadium redox reactions on porous carbon electrodes for microfluidic fuel cell applications[J]. Electrochimical Acta, 2012, 83(83): 430–438.

[107] 许艳芳, 郑克文. 金属空气电池的发展及应用 [J]. 舰船科学技术, 2003, 25(1): 66–69.

[108] 冯晶, 陈敬超, 肖冰. 金属空气电池技术研究进展 [J]. 材料导报, 2005, 19(10): 59–62.

[109] ABRAHAM K M, JIANG Z. A polymer electrolyte–based rechargeable lithium/oxygen battery [J]. Journal of the Electrochemical Society, 1995, 27(1): 1–5.

[110] BEATTIE S D, MANOLESCU D M, BLAIR S L. High–capacity lithium–air cathode [J]. Journal of the Electrochemical Society, 2009, 156(1): A44–A47.

[111] LEE J S, KIM S T, CAO R, et al. Cho J. Metal‐air batteries with high energy density: Li‐Air versus Zn‐Air [J]. Advanced. Energy Materials, 2011, 1(1): 34–50.

[112] 王芳, 梁春生, 徐大亮, 等. 锂空气电池的研究进展 [J]. 无机材料学报, 2012, 12: 1233–1242.

[113] 鞠克江, 刘长瑞, 唐长斌, 等. 铝空气电池的研究进展及应用前景 [J]. 电池, 2009, 39(1): 50–52.

[114] YANG S, KNICKLE H. Design and analysis of Al/air battery system for electric vehicles [J]. Journal of Power Sources, 2002, 112(1): 162–173.

[115] 马景灵, 许开辉, 文九巴, 等. 铝空气电池的研究进展 [J]. 电源技术, 2012, 36(1): 139–141.

[116] 赵少宁, 李艾华. 铝空气电池的研究现状和应用前景 [J]. 电源技术, 2014, 38(10): 1969–1971.

[117] 刘伟春. 空气电极及制造方法和具有该空气电极的金属空气电池: 中国, 201010593587.3 [P]. 2011–05–25.

[118] SMEDLEY S I, ZHANG X G. A regenerative zinc‐air fuel cell [J]. Journal of Power Sources, 2007, 165(2): 897–904.

[119] AN L, ZHAO T S, ZENG L. Agar chemical hydrogel electrode binder for fuel–electrolyte–fed fuel cells [J]. Applied Energy, 2013, 109(5): 67–71.

[120] OTHMAN R, YAHAYA A H, AROF A K. A zinc‐air cell employing a porous zinc electrode fabricated from zinc‐graphite–natural biodegradable polymer

paste [J]. Journal of Applied Electrochemistry, 2002, 32(12): 1347–1353.

[121] IDRIS N H, RAHMAN M M, WANG J Z, *et al*. Microporous gel polymer electrolytes for lithium rechargeable battery application[J]. Journal of Power Sources, 2012, 201(1): 294–300.

[122] WU G M, LIN S J, YANG C C. Alkaline Zn–air and Al–air cells based on novel solid PVA/PAA polymer electrolyte membranes [J]. Journal of Membrane Science, 2006, 280(s1–2): 802–808.

[123] 鲁火清, 卢周广, 沈冬, 等 . 铝空气电池铝合金阳极的研究进展 [J]. 电池, 2012, 42(4): 229–231.

[124] ZEIN EL ABEDIN S, SALEH A O. Characterization of some aluminium alloys for application as anodes in alkaline batteries [J]. Journal of Applied Electrochemistry, 2004, 34(3): 331–335.

[125] PARAMASIVAM M, JAYACHANDRAN M, IYER S V. Influence of alloying additives on the performance of commercial grade aluminium as galvanic anode in alkaline zincate solution for use in primary alkaline batteries [J]. Journal of Applied Electrochemistry, 2003, 33(3–4): 303–309.

[126] XIONG W, QUI G T, GUO X P, *et al*. Anodic dissolution of Al sacrificial anodes in NaCl solution containing Ce [J]. Corrosion Science, 2011, 53(4): 1298–1303.

[127] MA J, WEN J, GAO J, et al. Performance of Al–1Mg–1Zn–0.1Ga–0.1Sn as anode for Al–air battery [J]. Electrochimica Acta, 2014, 129: 69–75.

[128] WEEKS J D, CHANDLER D, ANDERSEN H C. Role of repulsive forces in determining the equilibrium structure of simple liquids [J]. Journal of Chemical Physics, 1971, 54(12): 5237–5247.

[129] VERLET L. Computer "experiments" on classical fluids. I. thermodynamical properties of Lennard–Jones molecules[J]. Physical Review, 1967, 159(1): 98 –103.

[130] GREST G S, KREMER K. Moleeular dynamics simulation for polymers in the presence of a heat bath [J]. Physical Review A, 1986, 33(5): 3628–3631.

[131] ESPAÑOL P, WARREN P. Statistical mechanics of dissipative particle dynamics [J]. Europhysics Letters, 1995, 30(4): 191–196.

[132] HOOGERBMGGE P J, KOELMAN J M V A. Simulating microscopic hydrodynamic phenomena with dissipative particle dynamics [J]. Europhysics Letters, 2007, 19(3): 155–160.

[133] BERENDSEN H J C, POSTLNA J P M, VAN GUNSTEREN W F, et al. Molecular dynamics with coupling to an external bath [J]. The Joumal of Chemieal Physics, 1984, 81(8): 3684–3690.

[134] HOOVER W G. Canonieal dynamics: equilibrium phase–space distributions [J]. Physical Review A, 1985, 31: 1695–1697.

[135] ANDERSEN H C. Molecular dynamics at constant pressure and/or temperature [J]. Journal of Chemical Physics, 1980, 72: 2384–2393.

[136] CALLEN H B, WELTON T A. Irreversibility and generalized noise [J]. Physical Review, 1951, 83(1): 34–40.

[137] LI J, D LIAO, YIP S. Coupling continuum to molecular–dynamics simulation: Reflecting particle method and the field estimator [J]. Physical Review E, 1998, 57(6): 7259–7267.

[138] HADJICONSTANTINOU N G. Hybrid atomistic–continuum formulations and the moving contact–line problem [J]. Journal of Computational Physics, 1999, 154(2): 245–265.

[139] KOTSALIS E M, WALTHER J H, KOUMOUTSAKOS P. Control of density fluctuations in atomistic–continuum simulations of dense liquids [J]. Physical Review E, 2007, 76(1): 016709.

[140] Español P. Dissipative particle dynamics with energy conservation [J]. Europhysics Letters, 1997, 40: 631–636.

[141] CUI H, CHEN Z, ZHONG S, *et al.* Block copolymer assembly via kinetic control [J]. Science, 2007, 317(5838): 647–650.

[142] PIVKIN I V, KARNIADAKIS G E. A new method to impose no–slip boundary conditions in dissipative particle dynamics [J]. Journal of Computational Physics, 2005, 207(1): 114–128.

[143] AVALOS J B, MACKIE A D. Dissipative particle dynamics with energy conservation [J]. Europhysics Letters, 1997, 40: 141–146.

[144] COTTIN-BIZONNE C, BARRAT J L, BOCQUET L. Low–friction flows of liquid at nanopatterned interfaces [J]. Nature Materials, 2003, 2(4): 237–240.

[145] THOMPSON P A, TROIAN S M. A general boundary condition for liquid flow at solid surfaces [J]. Nature, 1997, 389(6649): 360–362.

[146] ATWOOD B T, SCHOWALTER W R. Measurements of slip at the wall during flow of high–density polyethylene through a rectangular conduit [J]. Rheologica Acta, 1989, 28(2): 134–146.

[147] COOLEY J W, TUKEY J W. An Algorithm for the Machine Calculation of Complex Fourier Series [J]. Mathematics of Computation, 1965, 19(90): 297–301.

[148] KHARE R, DE PABLO J J, YETHIRAJ A. Molecular simulation and continuum mechanics study of simple fluids in non–isothermal planar couette flows [J]. Journal of Chemical Physics, 1997, 107(7): 2589–2596.

[149] KREMER K, GREST G S. Simulations for structural and dynamic properties of dense polymer systems [J]. Journal of the Chemical Society, Faraday Transactions, 1992, 88(13): 1707–1717.

[150] VILLA E , BALAEFF A , MAHADEVAN L, *et al.* Multiscale method for simulating protein–DNA complexes [J]. Multiscale Modeling and Simulation, 2004, 2(4): 527–553.

168

[151] BALL R C, MARKO J F, MILNER S T, et al. Polymers grafted to a convex surface [J]. Macromolecules, 1991, 24(3): 693–703.

[152] DAN N, TIRRELL M. Diblock copolymer microemulsions: a scaling model [J]. Macromolecules, 1993, 26(4): 637–642.

[153] CAO Q Q, ZUO C C, HE H W, et al. A molecular dynamics study of two apposing polyelectrolyte brushes with mono– and multivalent counterions [J]. Macromolecular Theory and Simulations, 2009, 18(7–8): 441–452.

[154] CAO Q Q, ZUO C C, LI L J. Molecular dynamics simulations of end–grafted centipede–like polymers with stiff charged side chains [J]. European Physical Journal E, 2010, 32(1): 1–12.

[155] HOCKNEY R W, EASTWOOD J W. Computer simulation using particles [M]. New York: McGraw–Hill, 1981.

[156] EASTWOOD J W, HOCKNEY R W, LAWRENCE D N. P3M3DP–The three–dimensional periodic particle–particle/particle–meshprogram [J]. Computers in Physics Commun., 1980, 19(2): 215–261.

[157] LIBERELLE B, GIASSON S. Friction and normal interaction forces between irreversibly attached weakly charged polymer brushes [J]. Langmuir, 2008, 24(4): 1550–1559.

[158] CSAJKA F S, SEIDEL C. Strongly charged polyelectrolyte brushes: a molecular dynamics study [J]. Macromolecules, 2000, 33(7): 2728–2739.

[159] SEIDEL C. Strongly stretched polyelectrolyte brushes [J]. Macromolecules, 2003, 36: 2536–2543.

[160] NAJI A, NETZ R R, SEIDEL C. Non–linear osmotic brush regime: simulations and mean–field theory [J]. European Physical Journal E, 2003, 12(2): 223–237.

[161] MEI Y, LAUTERBACH K, HOFFMANN M, et al. Collapse of spherical polyelectrolyte brushes in the presence of multivalent counterions [J]. Physical Review Letters, 2006, 97(15): 13129–13169.

[162] MEI Y, HOFFMANN M, BALLAUFF M, *et al.* Spherical polyelectrolyte brushes in the presence of multivalent counterions: the effect of fluctuations and correlations as determined by molecular dynamics simulations [J]. Physical Review E, 2008, 77(3): 031805.

[163] KHARE R, PABLO J J, YETHIRAJ A. Rheology of confined polymer melts [J]. Macromolecules, 1996, 29(24): 7910–7918.

[164] RIGBY D, SUN H, EICHINGER B E. Computer simulations of poly (ethlene oxides): forcefield, PVT diagram and cyclization [J]. Polym. Sci., 1993, 50: 1445–1452.

[165] SCHMAL D, VAN ERKEL J, VAN DUIN P J. Mass transfer at carbon fibre electrodes [J]. Journal of Applied Electrochemistry, 1986, 16(3): 422–430.

[166] LIDE D R. CRC Handbook of Chemistry and Physics, 83rd edition [M]. Boca Raton: CRC Press, 2002–2003.

[167] JOHN N. Current distribution and mass transfer in electrochemical systems [J]. ACS, 1967, 11(1): 50–54.

[168] YOU DONGJIANG, ZHANG HUAMIN, CHEN JIAN. A simple model for the vanadium redox battery [J]. Electrochimica Acta, 2009, 54: 6827–6836.

[169] SHAH A A, WATT–SMITH M J, WALSH F C. A dynamic performance model for redox–flowbatteries involving soluble species [J]. Electrochimica Acta, 2008, 53(27): 8087–8100.

[170] GATTRELL M, PARK J, MACDOUGALL B, *et al.* Study of the mechanism of the vanadium 4+/5+ redox reaction in acidic solutions [J]. Journal of the Electrochemical Society, 2004, 151(1): A123.

[171] NEWMAN J. Inorganic naterials research division, lawrence radiation laboratory, and department of chemical engineering [M]. Berkeley: University of California, 1967.

[172] YAMAMURA T, WATANABE N, YANO T, *et al.* Electron–transfer kinetics of

Np^3+/Np^4+, $NpO^2+/NpO^{22}+$, V^2+/V^3+, and VO^2+/VO^2+ at carbon electrodes [J]. Journal of Electrochemical Society, 2005, 152(4): A830–A836.

[173] ZAMEL N, XIANGUO L, JUN S. Correlation for the effective gas diffusion coefficient in carbon paper diffusion media [J]. Energy & Fuels, 2009, 23(12): 6070–6078.

[174] ABRAHAM K M, JIANG Z. A Polymer electrolyte based rechargeable lithium/ oxygen battery [J]. Journal of the Electrochemical Society, 1996, 143: 1–5.

[175] READ J, MUTOLO K, ERVIN M, *et al.* Oxygen transport properties of organic electrolytes and performance of lithium/oxygen battery [J]. Journal of the Electrochemical Society, 2003, 150(10): A1351–A1356.

[176] NEWMAN J, THOMAS-ALYEA K E. Electrochemical systems [M]. New York: John Wiley &Sons, 2004.

[177] SAHAPATSOMBUT U, CHENG H, SCOTT K. Modelling the micro-macro homogeneous cycling behaviour of a lithium-air battery [J]. Journal of Power Sources, 2013, 227(4): 243–253.

[178] ZHANG J G, WANG D, XU W, et al. Ambient operation of Li/Air batteries [J]. Journal of Power Sources, 2010, 195(13): 4332–4337.

[179] CHENG H, SCOTT K. Carbon-supported manganese oxide nanocatalysts for rechargeable lithium-air batteries [J]. Journal of Power Sources, 2010, 195(5): 1370–1374.

[180] READ J. Characterization of the lithium/oxygen organic electrolyte battery [J]. Journal of the Electrochemical Society, 2002, 149(9): A1190–A1195.

[181] O'LAOIRE C M. Chemistry and Chemical Biology [D]. Boston: Northeastern Universiy, 2010.

[182] STEWART S G, NEWMAN J. Measuring the salt activity coefficient in lithium- battery electrolytes [J]. Journal of the Electrochemical Society, 2008, 155(6): A458–A463.

[183] NYMAN A, BEHM M, LINDBERGH G. Electrochemical characterisation and modelling of the mass transport phenomena in $LiPF_6$–EC–EMC electrolyte [J]. Electrochimica Acta, 2008, 53(22): 6356–6365.

[184] ANDREI P, ZHENG J P, HENDRICKSON M, *et al*. Some Possible Approaches for Improving the Energy Density of Li–air batteries [J]. Journal of the Electrochemical Society, 2010, 157(12): A1287–A1295.

[185] ZHAO F, ARMSTRONG T J, VIRKAR A V. Measurement of O_2–N_2 effective diffusivity in porous media at high temperatures using an electrochemical cell [J]. Journal of the Electrochemical Society, 2003, 150(3): A249–A256.

[186] ZHANG J, XU W, LIU W. Oxygen–selective immobilized liquid membranes for operation of lithium–air batteries in ambient air [J]. Journal of Power Sources, 2010, 195(21): 7438–7444.

[187] CUSSLER E L. Diffusion: mass transfer influid systems [M]. Cambridge: Cambridge University Press, 2009.

[188] DEISS E, HOLZER F, HAAS O. Modeling of an electrically rechargeable alkaline Zn–air battery [J]. Electrochimica Acta, 2002, 47(25): 3995–4010.

[189] HE W, ZOU J, WANG B, *et al*. Gas transport in porous electrodes of solid oxide fuel cells: a review on diffusion and diffusivity measurement [J]. Journal of Power Sources, 2013, 237: 64–73.

[190] GIDDEY S, KULKARNI A, MUNNINGS C, *et al*. Performance evaluation of a tubular direct carbon fuel cell operating in a packed bed of carbon [J]. Energy, 2014, 68: 538–547.

[191] BORGHEI M, SCOTTI G, KANNINEN P, *et al*. Enhanced performance of a silicon microfabricated direct methanol fuel cell with PtRu catalysts supported on few–walled carbon nanotubes [J]. Energy, 2014, 65: 612–620.

[192] XU H, DANG Z, BAI B F. Electrochemical performance study of solid oxide fuel cell using lattice Boltzmann method [J]. Energy, 2014, 67: 575–583.

[193] ZHANG S S, XU K, READ J. A non-aqueous electrolyte for the operation of Li/air battery in ambient environment [J]. Journal of Power Sources, 2011, 196(8): 3906-3910.

[194] QIAN H, SHEETZ M P, ELSON E L. Single particle tracking: analysis of diffusion and flow in two-dimensional systems [J]. Biophysical Journal, 1991, 60(4): 910-921.

[195] DESP Ó SITO M A, VINALES A D. Subdiffusive behavior in a trapping potential: mean square displacement and velocity autocorrelation function [J]. Physical Review E, 2009, 80: 021111.

[196] RAUPACH C, ZITTERBART D P, MIERKE C T, et al. Stress fluctuations and motion of cytoskeletal-bound markers [J].Physical Review E, 2007, 76: 011918.

[197] WATTS R O, MCGEE I J. Liquid state chemical physics [M]. New York: Wiley. 1976.

[198] LEE Y C, KOLAFA J, CURTISS L A, et al. Molten salt electrolytes. I. Experimental and theoretical studies of LiI/AlCl [J]. Journal of the Chemical Physics, 2001, 114: 9998-10009.

[199] BHARGAVA B L, BALASUBRAMANIAN S. Dynamics in a room-temperature ionic liquid: a computer simulation study of 1, 3-dimethylimidazolium chloride [J]. Journal of the Chemical Physics, 2005, 123: 144505.

[200] HARRIS K R. Relations between the fractional Stokes-Einstein and Nernst-Einstein equations and velocity correlation coefficients in ionic liquids and molten salts [J]. Journal of Physical Chemistry B, 2010, 114: 9572-9577.

[201] MACFARLANE D R, FORSYTH M, IZGORODINA E I, et al. On the concept of ionicity in ionic liquids [J]. PCCP, 2009, 11: 4962-4967.

[202] KONESHAN S, RASAIAH J C, LYNDEN-BELL R M, et al. Solvent structure, dynamics, and ion mobility in aqueous solution at 25 ℃ [J]. Joural of Physical Chemistry B, 1998, 102: 4193-4204.

[203] RASAIAH J C, LYNDEN – BELL R M. Computer simulation studies of the structure and dynamics of ions and non – polar solutes in water [J]. Philosoplical Transactions of the Royal Society A, 2001, 359: 1545–1574.

[204] KOWALL T, FOGLIA F, HELM L, *et al*. Molecular dynamics simulation study of Lanthanide ions Ln3+ in aqueous solution. Analysis of the structure of the first hydration shell and of the origin of symmetry fluctuations [J]. Joural of Physical Chemistry, 1995, 99: 13078–13087.

[205] REMPE S B, PRATT L R, HUMMER G, *et al*. The hydration number of Li+ in liquid water [J]. JACS, 2000, 122: 966–967.

[206] EBBINGHAUS S, KIM S J, HEYDEN M, *et al*. An extended dynamical hydration shell around proteins [J]. PNAS, 2007, 104: 20749–20752.

[207] SOPER A K, WECKSTRÖM K. Ion solvation and water structure in potassium halide aqueous solutions [J]. Biophysical Chemistry, 2006, 124: 180–191.

[208] LAMOUREUX G, ROUX B. Absolute hydration free energy scale for alkali and halide ions established from simulations with a polarizable force field [J]. Joural of Physical Chemistry B, 2006, 110: 3308–3322.

[209] VARMA S, REMPE S B. Coordination numbers of alkali metal ions in aqueous solutions [J]. Biophysical Chemistry, 2006, 124: 192–199.

[210] PATNAIK R S M, GANESH S, ASHOK G, *et al*. Heat management in aluminium/air batteries: sources of heat [J]. Journal of Power Sources, 1994, 50: 331–342.

[211] WANG X Y, WANG J M, SHAO H B, *et al*. Influences of zinc oxide and an organic additive on the electrochemical behavior of pure aluminum in an alkaline solution [J]. Journal of Applied Electrochemistry, 2005, 35: 213 –216.

[212] IWAKURA C, NOHARA S, FURUKAWA N, *et al*. The possible use of polymer gel electrolytes in nickel/metal hydride battery [J]. Solid State Ionics, 2002, 148: 487–492.

[213] ADAM A, BORRÀS N, PÉREZ E, *et al*. Electrochemical corrosion of an AlMgCrMn alloy containing Fe and Si in inhibited alkaline solutions [J]. Journal of Power Sources, 1996, 58: 197–203.

[214] URA–BINCZYK E, BENI A, LEWANDOWSKA M, *et al*. Passive oxide film characterisation on Al–Cr–Fe and Al–Cu–Fe–Cr complex metallic alloys in neutral to alkaline electrolytes by photo– and electrochemical methods [J]. Electrochimica Acta, 2014, 139: 289–301.

索 引